U0370794

生命之美

奇异植物的生存智慧

林十之 著

CNS 湖南科学技术出版社 博集天卷 CS-BOOKY

生命之美

奇异植物的生存智慧

目录 *Contents*

目录 *Contents*

目录 *Contents*

目录 *Contents*

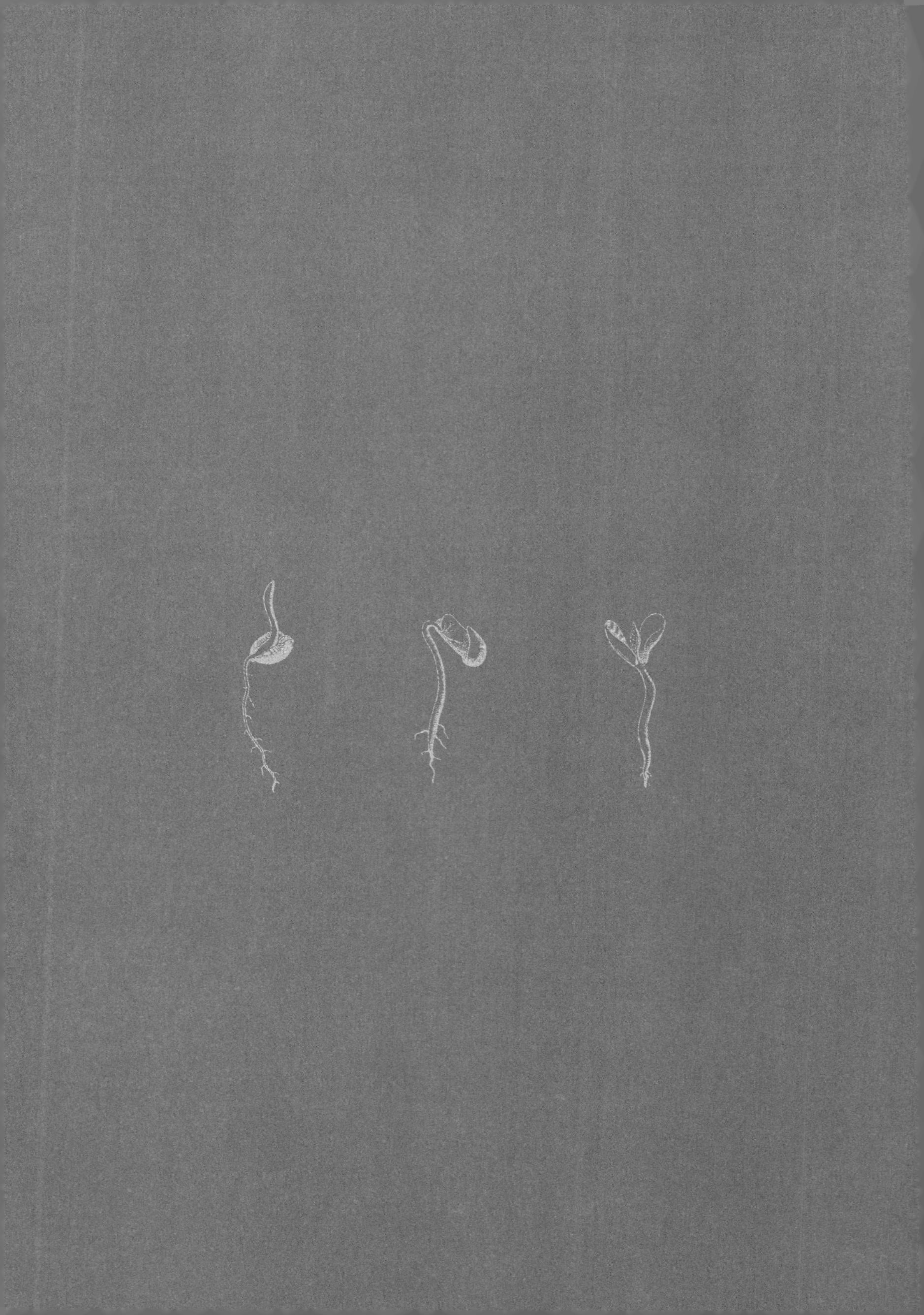

前言

在大多数人的眼中，植物的形象一直是安静、被动、逆来顺受的。你一时兴起，操起剪子为自家后院的大叶黄杨修剪枝条，它们不会连声喊疼；你忽然想起被遗忘在角落的一盆蜘蛛抱蛋，赶紧给它们浇浇水，它们也不会向你道谢。它们就这样默默地生长着，你对它们好，它们开出鲜艳的花朵、结出美味的果子来回馈你；你要置它们于死地，它们也是一点反抗的能力都没有。

但大自然永远是充满意外和惊喜的，植物也并非全为善类。在那些阴暗的角落里面，有一些植物，充当着杀手、寄生虫、强盗和骗子的角色。它们不再被动，反而积极地开始索取、搜刮甚至杀戮。比利时诗人梅特林克在《花的智慧》里面这样形容它们：

这些神经质的植物，已经轻轻越过，那分隔动物界和植物界的神秘而虚幻的山脊。

当这些本来通过光合作用自给自足的绿色植物越过那条山脊后，在它们面前展现开的是一个崭新的异养世界。那里充满算计、引诱、欺骗、杀戮和搜刮，一些生物从其他生物那里获得赖以生存的营养和能量。一些绿色植物经不住诱惑，也不禁开始投身于其间，并渐渐乐此不疲起来。它们中的一些种类对异养生活浅尝辄止，只是作为自己自养生活外的额外调剂和补给；而它们中的另一些，则已经走得远远的，远到已经忘却它们光合作用的本能，成为完全的异养者。

那么，就让我们进入异养植物的神奇世界，看看在这一转换过程中，异养植物都做出了哪些不可思议的改变。

异养植物是指不能完全依靠光合作用合成生长所需的有机物，必须摄取现成有机物维持生活的植物。异养植物包括食虫植物、寄生植物和菌异养植物。不同的异养植物对异养的依赖程度也有所不同。

食虫植物对异养的依赖最弱。食虫植物往往生长在沼泽或沙地一类的土壤养分贫瘠的地区，由于土壤中缺乏足够的氮素，这使得它们演化出了各种各样的捕虫装置，通过捕捉小昆虫来获得氮素的补给。但食虫对它们来说只是一种补给，目前已知的所有的食虫植物都保留了光合作用的能力，在土壤氮素充足的情况下，其中的很多种类不依赖捕捉小昆虫也可以继续生存，所以并不算严格意义上的异养植物。

和食虫植物将异养作为光合作用之外的零嘴不同，寄生植物和菌异养植物的生长光靠自己的光合作用就无以为继了。除了氮素，它们还需要从其他生物那里获得碳素和其他营养，有很多种类干脆完全不进行光合作用，其需要的所有营养都来自其他生物，成为真正意义上的“寄生虫”。寄生植物需要通过寄生在其他植物上获得营养，根据异养依赖程度的不同，又可以分为仍然可以进行光合作用的半寄生植物（如槲寄生），和完全丧失光合作用能力，所有营养都来自寄主的全寄生植物（如大花草）。

菌异养植物以前被称为腐生植物，人们一开始以为它们是靠吸收土壤中的腐殖质生存的。但人们后来研究发现，它们其实是一类寄生在真菌之上的植物，腐生并不能确切地描述它们的生活状态，所以现在一般都称呼它们为菌异养植物。菌异养植物寄生于真菌之上，其实应该包含在寄生植物之内。但现在大家还是约定俗成，只将寄生于植物上的种类称为“寄生植物”，而用“菌异养植物”专门来称呼寄生在真菌上的植物。和寄生植物相似，菌异养植物也可以根据异养依赖程度的不同，分为仍然可以进行光合作用的半菌异养植物（如很多兰科植物），和完全丧失光合作用能力，所有营养都来自寄主的完全菌异养植物（如水晶兰）。

为了完成从自养到异养生活的转变，异养植物殚精竭虑，挖空心思演化出了很多让人瞠目结舌的结构和不走寻常路的诡异生活史，这也使我们对它们充满了好奇。但在满足我们的好奇心之余，这些越过动植物界限山脊的异养植物，在演化生物学上也有着重要的价值，并成为生物学家爱不释手的研究对象。通过研究异养植物，我们可以探索从自养到异养的转变过程，研究它们跟寄主和猎物之间的互动，以及它们在生态系统中的重要作用。这些研究成果让我们对生命形式和生物的相互作用有了崭新的认识，科学家们从中提出并证明了很多演化生物学上的假说，有些假说甚至可以追溯到达尔文时期。

作为一名研究植物系统演化的博士生，异养植物也是我的课题的一部分。我很希望跟大家分享这些异养植物的奇妙之处，并在猎奇之余，借异养植物之手，为大家展现其背后更引人入胜的演化生物学研究，看看科学家们是怎样将这些奇葩变成手中的“玩具”把玩，并得出很多让人直呼不可思议的精妙结论的。

本书为读者提供了一个从演化生物学的角度，围绕以上这三类植物，展示异养植物充满算计、欺骗和阴谋的隐秘生活的小窗口。囿于篇幅，我只能忽略那些大家已经耳熟能详的例子，如猪笼草、捕蝇草和茅膏菜的故事。这些植物早在达尔文时代就已经被大量研究，我们对它们已经有了详细的了解，相信大家小时候在《人与自然》《国家自然地理》一类的科普节目里面也已经一睹为快。

当代科学研究围绕它们也没有很多刷新三观的结论，所以这里也就不再占用大家宝贵的时间了。我将着重介绍那些还不太为人所熟知的，处在演化生物学研究前沿的神奇素材，以飨读者。

它们或是在近期才刚刚被发现的热气腾腾的新物种（其中提到的某些物种是在本世纪才刚刚被发现的），或是当代生物学研究得出新奇结论的炙手可热的素材（所展示的研究最新可以到 2017 年），或是我的朋友在今年刚采集到神出鬼没的菌异养植物的精彩游记，都是大家在其他地方无法接触到的。但本书篇幅有限，挂一漏万，如有脱漏之处，也请读者多多包涵。

那么，诸位读者，就请跟随我，进入异养植物的神奇世界吧。

它们在当时成为哥特式文学、建筑和艺术的素材之一，并常常以大型食人植物的形态出现在维多利亚时期的恐怖探险故事中。

第一章

肉食植物还是谋杀植物？——食虫植物新视野

可能出乎很多人的意料，人们其实在很早以前就已经知晓肉食植物的存在了。在古代欧洲，当地原产的茅膏菜就已经被用于医药和凝结牛奶。茅膏菜在中世纪晚期就已经出现在各种草药书籍中了。目前可以找到的关于肉食植物的最早文献记载之一来自 15 世纪的伏尼契手稿（*Voynich manuscript*）。这份神秘手稿上被加密的文字到现在还没有被破译，第二次世界大战期间很多英美顶尖解码专家都企图破译它，但均宣告失败，这令很多人甚至怀疑上面的文字只是毫无意义的恶作剧。伏尼契手稿不光吸引了密码学家的注意，上面出现的诸多植物插画也吸引了植物学家的注意。比如手稿上出现的手绘图中，就确凿地出现了茅膏菜的典型形象。

1576 年，洛比留斯（Lobelius）描述并绘制了第一种非欧洲产的食虫植物——北美产的瓶子草。1658 年，西方人首次描述了来自非洲热带马达加斯加岛的猪笼草。

虽然人们早就知道茅膏菜这类食虫植物的存在，却压根儿没有注意到它的肉食行为。植物捕食昆虫这一行为是完全超出当时的人的理解范围

最早的茅膏菜图画之一，来自15世纪的伏尼契手稿

的。即便是看到了茅膏菜上的昆虫残骸，他们也会认为这跟其他黏糊糊的植物上粘住的昆虫没什么区别，充其量只是植物的自我保护行为。

西方第一次意识到植物的肉食行为，还要等到18世纪，1768年。当捕蝇草（*Dionaea muscipula*）的活体植株第一次从加利福尼亚随船来到伦敦时，就迅速引起了轰动。博物学家约翰·埃利斯（John Ellis）

搞到了一些捕蝇草，并在一封信中首次使用了捕蝇草的学名——*Dionaea muscipula*，这一学名到现在仍然还作为捕蝇草的学名被使用。*Dionaea* 来自爱神阿佛洛狄忒的母亲狄俄涅，*muscipula* 则意为捕鼠夹，描述了捕蝇草的捕虫器官。这一名字其实对捕蝇草半闭的捕虫夹形象有着鲜明的性

约翰·埃利斯写给林奈的信中的捕蝇草插图

影射，但植物学家对此往往讳莫如深，闭口不谈。

当时植物学界的最高权威林奈在看到捕蝇草后将其形容为自然界的奇迹（*miraculum naturae*）。但他一点也不觉得埃利斯拟定的让人浮想联翩的学名有何猥亵之处，因为他自己也曾为捕蝇草想过好些不忍直视的名字，如 *Orchis*（睾丸）、*Phallus*（阴茎）。但林奈的确是被捕蝇草的食虫行为搞得很恼火，作为一个虔诚的宗教徒，他认为捕蝇草“违抗了以神的意志所定下的自然法则”。

这一来自当时植物学“教皇”的裁决，使得在此之后的一个世纪中都没有植物学家敢对捕蝇草进行进一步的研究，因为他们担心研究捕蝇草会冒犯到林奈。但有一位新生代的生物学家却初生牛犊不怕虎，大胆地迈出了研究肉食植物的第一步。他就是演化生物学的祖师爷——达尔文。

达尔文本人对食虫植物非常着迷，他做过大量关于圆叶茅膏菜（*Drosera rotundifolia*）捕食机制的研究。他观察茅膏菜叶片所捕捉到的昆虫的种类和数量，并用盐、蛋白和小块奶酪投喂茅膏菜，观察它的消化行为，认为茅膏菜的感觉动作器官比任何人类的神经都要灵敏。达尔文在 1875 年将他的研究成果写入了 400 页的经典著作《食虫植物》（*Insectivorous plants*）中，同时也使得“食虫植物”这一称谓广为人知。

但这一研究成果在当时遭到了其他植物学家的愤怒抵制。有植物学家形容达尔文的工作是“科学垃圾”，更有人认为达尔文这些怪诞的违背自然法则的研究成果是如同幻想小说一般的胡编乱造，不应该被严肃对待。达尔文的重要支持者约翰·拉伯克（John Lubbock）的妻子在读完《食虫植物》之后曾写过一首诗送给达尔文：

我从不相信茅膏菜

自从我跟朋友去拜访它

目睹它恐怖的触手

全部扭曲起来开始

但历史最终证明了达尔文这些研究成果的正确性和前瞻性。

插一个趣话，达尔文也有看走眼的时候。当他从塔斯马尼亚来到澳大利亚西南部时，他于 1839 年 2 月 17 日的乘船考察日记里记录：

我们在那里停留了八天，我不记得在离开英国后，经历过比这更沉闷乏味的日子了。

达尔文忽视掉的澳大利亚西南部，却恰恰是他为之着迷的肉食植物在世界范围内多样性第二高的地方（86 种）。这次“著名”的不以为意，也让他错失了见到当地特有的肉食植物土瓶草的机会。

之后随着人们与肉食植物的接触逐渐增多，它们所具有的侵略性的外表和杀戮的本能，使得它们在当时成为哥特式文学、建筑和艺术的素材

1831 年出版的《柯蒂斯植物学杂志》第 58 卷中的土瓶草（*Cephalotus follicularis*）。土瓶草是土瓶草科唯一的一种，产于澳大利亚西南部。在达尔文考察澳大利亚西南部时土瓶草已为人所知，但达尔文当时可能并未知晓

之一，并常常以大型食人植物的形态出现在维多利亚时期的恐怖探险故事中。在这些故事中，肉食植物长得比人还要高大，有着四处挥舞的粗长触手，触手上长满了尖刺，可以把误入热带雨林深处的旅人缠住，并一直拖

到它的血盆大口之中。德国探险家卡尔·里奇（Carl Liche）说当他和同伴在马达加斯加的丛林中旅行时，一棵像 2.5 米高的菠萝一样的植物出现在他们面前。这棵植物树干膨胀，有 8 片 3~4 米长的叶子，其上长满了钩子一样的棘刺，并围绕着一片充满蜂蜜一般香甜的液体的凹陷处而生。在树的顶端生有一系列延长呈绿色的卷须和触手，“毫不停歇并充满活力地扭动着”。一名妇女被人从背后用标枪指着，强迫爬上树干。“这棵一开始迟钝得像死掉了一样的残暴的食人树，忽然变得充满活力起来。那些看上去柔弱纤细的触须，变得像饥饿不已的蛇一样狂躁，在她的头上颤动。然后它们凭借如同着魔一般的本能，开始一圈又一圈地缠绕她的脖子和手臂。那名女子在不断地发出可怕的尖叫声，周围的人则都在哄笑。”

读者们对这些故事信以为真，从丛林中归来的探险家则带来了越来越多、各式各样关于食人树的恐怖故事：凶残的类人猿，被藤蔓覆盖的失落的城市，以及马达加斯加丛林中的食人树。布尔（Buel）在 1887 年的书《大海与陆地》中用了一章来专门写肉食植物，并对捕蝇草和茅膏菜进行了描述。然后他又描述了来自非洲中部和美洲中部的一种植物，被当地人叫作“我看见你了”。“这种植物并不满足于它们捕获并吃掉的大量昆虫，它们野心勃勃地想要把人也当作猎物……等待不幸的探险家的命运是什么呢？……他的身体被榨干，直到其中最后一滴血被挤出来，然后被这种嗜血的植物吸收。干瘪的尸体被扔掉，恐怖的陷阱再次蓄势待发。”

时间来到 20 世纪，科学的进步仍然没有驱散人们对肉食植物哥特式幻想的热衷。肉食植物最有名的银幕形象应该是 1986 年改编自同名舞台

Journal des Voyages

ET DES AVENTURES DE TERRE ET DE MER

N° 61. — Prix : 15 centimes.

Bureaux : 7, rue du Croissant

▶ 1878 年法国《旅行杂志》中的食人树形象

剧《恐怖小店》（*Little Shop of Horrors*）中的奥黛丽二世（Audrey II）。主角在一个日全食的下午，从一个中国商人那里买到了这株奇怪的植物。东方幻想跟食虫植物的哥特形象杂糅在一起，让奥黛丽二世在银幕上大开杀戒。2001 年的小说《少年派》中也描绘了在海上由肉食藻类构成的漂浮毯状物。托尔金的《指环王 · 护戒使者》中，霍比特人睡着之后，发现他们正在被一种植物吞食。食虫植物的这一哥特形象也一直延续

1986 年电影《恐怖小店》中的奥黛丽二世。（小铖绘）

到了“哈利 · 波特”系列里的毒须草（*Tentacula*）上。在日本著名游戏和动画《口袋妖怪》中，诸如喇叭芽、口呆花、大食花一类的怪兽，也是以肉食植物为原型设计的。

我小时候曾经痴迷于各种科普书籍，对里面描述到的各种稀奇古怪的动植物还记忆犹新。即便是在号称“自然大百科全书”的科普类书籍中，我也能看到关于食人树的描述，被称为“奠柏”，其形象跟前面提到的马达加斯加热带雨林中的食人树如出一辙。这些虚构的幻想混杂在各种严肃的科学知识中，让人难以分清真假。我在上中学的时候，还相信世界上有食人树的存在。不知道现在的小朋友们看的科普书籍中，还有没有它的“芳影”呢？晚上入眠的时候，还会不会被吓得睡不着觉呢？

到了当代，随着对食虫植物研究和了解的深入，食虫植物（insectivorous plants）这一因达尔文而广为流传的称谓就显得不准确和颇具争议了。食虫植物的食谱并不仅仅包含昆虫，也包含很多其他的节肢动物、线虫、浮游生物，甚至小型脊椎动物。所以现在大家更倾向于叫它们肉食植物（carnivorous plant）。但即便是肉食植物，也并不能完全准确地描述这一类植物，因为诸如苹果猪笼草（*Nepenthes ampullaria*）已经逐渐失去了肉食习性，其笼口宽阔，笼盖后翻，通过搜集从雨林上层掉落的树叶和鸟粪产生的腐殖质提供营养，有一些狸藻也会捕食浮游藻类。我们应该怎样称呼这些植物呢？食腐植物？食植植物？但生命形式永远不缺乏例外，生物学对这样的极端个例是极其宽容的，我们不妨宽容一点，继续使用肉食植物这一称谓。

判断一种植物是否为肉食植物的标准有三条：1. 通过陷阱装置吸引猎物。2. 通过陷阱装置捕捉猎物。3. 通过分泌酶消化猎物。

前两点是显而易见的，第三点就引起了很多的争议。因为人们后来发现，很多肉食植物没有自己分泌消化酶的能力，而是需要通过微生物帮助降解有机质的。比如瓶子草科（Sarraceniaceae）的三个属中，眼镜蛇草属（*Darlingtonia*）和太阳瓶子草属（*Heliamphora*）▼是没有能力消

从左到右依次为瓶子草科的三属植物：眼镜蛇草（*Darlingtonia californica*），分布于美国西海岸（图自 Noah Elhardt）； 太阳瓶子草（*Heliamphora chimantensis*），分布于南美洲（图自 Andreas Eils）；瓶子草（*Sarracenia* spp.），分布于北美洲（图自 Noah Elhardt）。眼镜蛇草和太阳瓶子草不分泌消化酶，依靠微生物降解猎物获得营养，是原肉食植物；只有瓶子草能分泌消化酶，是真肉食植物

化食物的，只有瓶子草属（*Sarracenia*）可以分泌消化酶。那么前面两种是否可以算作肉食植物呢？如果不算作肉食植物的话，它们明显是通过抓捕动物获得了营养，只不过是在微生物的帮助下进行分解并吸收营养的。如果算作肉食植物的话，诸如某些天竺葵、西番莲一类有黏性腺毛，可以粘住爬于其上的小昆虫的植物，是否也能算作肉食植物呢？因为它们明显也可以通过自己粘住的动物尸体被微生物分解时所产生的营养获益。

从演化顺序上来看，捕虫装置的形成，也是早于消化机制的产生的。所以有人就提出了新的概念来区分这些不同的植物，将那些具有杀死动物的行为的植物广义地称为谋杀植物（murderous plants），将有明显捕虫装置，但缺乏消化功能的植物称为原肉食植物（proto-carnivorous plant），而将同时有捕虫装置也有消化功能的植物称为真肉食植物（true carnivorous plant）。

从系统发育的角度来看，食虫植物独立起源了 6 ~ 7 次，分布于约 10 个科，20 个属，650 种。这其中既有早已为大家所熟知的猪笼草、茅膏菜、狸藻、捕蝇草和瓶子草，也有迟至 1979 年才被发现肉食性的生长于西非的盾籽穗叶藤（*Triphyophylium peltatum*）和 2012 年才被证实肉食性的菲尔科西亚属（*Philcoxia*）。

肉食植物由于跟动物存在高度的互动，也产生了很多演化生物学上的奇特议题，吸引了生物学家的注意。我将在后面以专题的形式围绕不同的肉食植物揭示它们的奇特之处和背后的科学故事。

肉食性在植物中独立起源了很多次，
所以不同的肉食植物也有着不同的机制
和结构来完成这些步骤。

第二章

吸引、捕食和消化
——肉食植物的捕食机制

吸引、捕食和消化是肉食植物完成捕食所需要的三个步骤。肉食性在植物中独立起源了很多次，所以不同的肉食植物也有着不同的机制和结构来完成这些步骤。

吸引是第一步。很多肉食植物，特别是瓶子草类，都有着显眼的颜色。这些颜色来自黄酮类化合物和花青素，使得人眼看起来呈现出黄色、紫色或红色。这些颜色也成功模拟了花朵的颜色，可以吸引大量昆虫来访。一些瓶子草属和眼镜蛇草属植物有着透明、窗户一样的斑点，困在里面的猎物以为它们能指示出逃出生天的路径，并会一次又一次地尝试向上爬。最终它们力竭跌落并被淹死在瓶底。跟花朵相仿，很多肉食植物还有着跟花的蜜源指示信号相仿的紫外吸收区域，昆虫能够看见并被这些信号引导前来。很多昆虫，如膜翅目昆虫，可以分辨黄色、蓝色和紫外线光。另外一些昆虫不能分辨颜色，只能分辨光和暗的程度。不同的捕虫陷阱能发出不同的紫外线光，吸引不同的昆虫造访。粘虫草靠强烈的紫外线光对比效应来吸引昆虫。位于植株底部老化枯萎的叶片形成了反射紫外光的背景。

而植株上方具有腺体的生长部分则因为吸收紫外光，而仿佛处于黑暗中。捕蝇草捕虫夹的边缘吸收了紫外光，从而显得比内侧的消化区域更暗。

土瓶草（*Cephalotus follicularis*）▼则与此相反。它并不模仿花朵的鲜艳颜色，而是极力模仿周围环境的颜色来隐藏自己。土瓶草的捕虫笼埋入附近的苔藓和小型地被植物中，猎物经过的时候往往察觉不到陷阱的存在，从而跌入捕虫囊中被捕食。

► 土瓶草的生境。其捕虫笼低矮，颜色和质地模仿周围的环境。（图自 Holger Hennern）

► 白环猪笼草（*Nepenthes albomarginata*）捕虫笼的下方以富含蛋白质的纤毛形成一圈白色的环状结构，用以吸引白蚁来取食。右图为取食后的状态。（Vincent Bazile 摄）

相比视觉，很多昆虫的嗅觉和味觉更为发达，所以有些肉食植物的捕虫结构还会释放出芳香甜味物质等化学信号，这些化学信号可以传播到很远的地方来吸引昆虫。最常见的吸引猎物的化学信号是蜜汁，分泌蜜汁的结构一般都位于捕虫器危险区域的边缘。猪笼草在捕虫囊的边缘会分泌甜味物质，其浓度相比捕虫囊的内部要高得多，以此引诱昆虫在最危险的地方着陆。太阳瓶子草则在捕虫瓶顶端的勺状叶盖处分泌蜜汁。猎物被这些物质吸引而来，但捕虫囊的边缘异常光滑，当它们想在其上歇脚的时候，就会直接跌入捕虫囊中。诸如螺旋狸藻和狸藻之类捕虫装置在地下或水中的肉食植物，还会释放可溶性吸引物质来吸引猎物。白环猪笼草▲会结合化学信号和触觉信号，在捕虫笼的下方以富含蛋白质的纤毛形成一圈白色的环状结构，吸引白蚁来取食。

水生狸藻丝状分支的叶片和藻类的叶片形状相仿，为各种水生微生物提供了栖息地，并吸引它们前来被狸藻捕食。而一些甲壳类动物也会为了捕食聚集在这里的水生微生物而前来，却反而成了狸藻的食物。

所有的肉食植物无一例外都以叶作为捕虫器官。我们可以根据机制的不同将其分为五类：捕虫笼、粘虫陷阱、捕虫夹、吸入陷阱和龙虾笼陷阱。而按其功能我们也可以把它们分为主动捕虫器和被动捕虫器这两大类。前者会主动行动来捕获猎物，捕虫夹和吸入陷阱属于此类；后者则完全不动作，如捕虫笼和龙虾笼陷阱。粘虫陷阱则兼有主动捕虫器和被动捕虫器两类。

捕虫笼 ▼是最常见的捕虫陷阱，属于被动捕虫器。我们熟知的猪笼草、瓶子草以及土瓶草、凤梨类植物都采用这一陷阱。捕虫笼由叶变态形成的管道或囊状结构组成，靠其与花朵相近的颜色来吸引猎物。捕虫笼的边缘光滑，边缘附近往往会有甜味物质吸引猎物。猎物被吸引，来到捕虫笼，一不小心就会从其非常光滑的边缘失足跌入捕虫笼内，被底部的液体淹死并消化。

捕虫夹 ▼是捕蝇草和水生的貉藻独有的主动捕虫装置。如夹子一般的变态叶可以从中脉处迅速关闭。捕蝇草的捕虫夹中有触觉感受毛，一旦被昆虫触碰，纤毛压力通过电信号传导，在细胞内激活离子通道导致 pH 值发生改变，渗透压产生变化，细胞发生形变，从而最终导致整个捕虫夹的关闭。刺激信号的传导速度高达 17cm/s。一旦猎物被关住后，陷阱中

从左到右可见瓶子草的捕虫笼，捕蝇草的捕虫夹和猪笼草的捕虫笼。（林十之摄）

大量的消化腺就会开始分泌消化液，来分解昆虫体内的蛋白质。

茅膏菜、粘虫草、捕虫堇、腺毛草、盾籽穗叶藤等捕虫植物则采用粘虫陷阱。它们的叶片上密布可以产生黏液的腺毛。这些腺毛的顶端被黏液所覆盖包裹，在阳光下像露珠一样闪闪发光。昆虫被黏液的外观和甜味吸引，误以为它们是蜜汁而来访，便会被黏液粘住动弹不得。小型猎物会立刻被固定住，稍大一些的猎物则会在被粘住之后不断挣扎，但这只会让它们被周围更多的黏液包裹住，最终动弹不得。当昆虫的气孔被黏液完全堵住的时候，它们就会逐渐窒息死亡。而且茅膏菜的叶片还会主动卷曲包裹住猎物，以提高消化效率。

吸入陷阱则是狸藻的独门暗器。这种主动捕虫器由中空的囊状结构构成，有一个像阀门一样的开口。狸藻会在其捕虫囊中形成真空负压，在

▶ 粘虫草（*Drosophyllum lusitanicum*），粘虫草科的唯一一种，分布于地中海西岸。跟茅膏菜关系很近，同样使用粘虫陷阱，但粘住昆虫之后叶片不会像茅膏菜那样主动卷曲。（Carsten Niehaus 摄）

其顶端有一个只能向内部打开的门。猎物靠近捕虫囊时触发门周围的感觉毛，门就会打开，将猎物跟水一起吸入捕虫囊中。门的开闭所花的时间不超过 1/500 秒，动作是整个植物界已知最快的。此外，腺体还会分泌黏液来封闭开口。

龙虾笼陷阱是螺旋狸藻▼的独门秘籍，螺旋狸藻的地下叶不含叶绿素，并常常被人误以为是根系。变态叶的中段膨大，其前端会形成 V 字

▶ 螺旋狸藻（*Genlisea*）的龙虾笼捕虫陷阱。左下可见前端开口，右下可见根状叶空腔中的倒毛，迫使猎物只能向根状叶的内部深入而不能倒退，最终在右上所示的消化腔中被消化。（小铖绘）

形的螺旋分叉。很长时间内人们完全不知道这一奇特的结构是干什么用的，直到 20 世纪末，这一被动捕虫装置才被人们仔细研究并阐释其作用。跟捕龙虾使用的笼子相似，螺旋狸藻的地下根状叶中的空腔中长满了倒毛。原生动物进入根状叶的空腔之后，便只能顺着倒毛的方向移动，一条路走到黑，而不能折返，直到进入具有消化功能的部位被消化。另有一种生长于美国东南部的鹦鹉瓶子草（*Sarracenia psittacina*）▶则结合了捕虫笼和龙虾笼两种陷阱。当昆虫被其捕虫笼边缘的蜜汁吸引前来时，就会失足掉入笼中。但和其他瓶子草竖直生长的捕虫笼不同，鹦鹉瓶子草的捕虫笼水平躺倒在地面上，其捕虫笼内表面密布的倒毛会迫使昆虫只能向捕虫笼深处运动，直到最终被底部的消化液所消化。

如前面所说的那样，接下来猎物的消化，真肉食植物可以通过自己分泌消化酶完成，原肉食植物不能自行分泌消化酶，而需要借助细菌和真菌的分解作用完成。肉食植物不会吸收猎物中的所有营养物质。虽然除了氮和磷，动物体内还含有钙、镁和钾等营养物质，研究表明瓶子草类植物只大量吸收氮和磷。另有一些研究表明狸藻和盾籽穗叶藤能吸收镁和钙。

鹦鹉瓶子草（Kurt Stüber 摄）

南方狸藻（*Utricularia australis*）的捕虫囊。捕虫囊内部呈负压，囊的开口处有感觉毛，动物触碰时就会触发开口打开。（小铖绘）

圆叶茅膏菜能吸收猎物中 35% 的氮素，捕虫堇能吸收约为 30% 的氮素。植物体不光能从动物体内吸收氮素，还可以依靠根系和与之共生的固氮菌从土壤里吸收氮素。而最终植物体内有多少氮素来源于动物，不同的肉食植物也有差异。奇异猪笼草（*Nepenthes mirabilis*）体内 60% 的氮素来自动物，眼镜蛇草则有 75% 的氮素来自动物，但土瓶草中则只有 25% 的氮素来自动物。此外，肉食植物从动物体内吸收到的氮素，也会运往不同的部位进行利用。捕虫堇会将 45% ~ 61% 的氮素储存到冬芽中，以度过寒冷的冬天并准备第二年的萌发生长。狸藻会将吸收的大部分氮和磷运输到植物幼嫩的部分。而在奇异猪笼草中，其仍然处在生长期的幼叶也会有着更高浓度的氮素含量。貉藻也会将几乎所有从猎物中获得的氮素运往生长组织。

所有的肉食植物都仍进行光合作用，说明肉食习性只为它们提供营养补给，而其能源则仍然来自太阳。大部分肉食植物都长有大量的叶片，并需要在阳光充足的地方生长。如果它们得不到足够的阳光，其生长就会受到严重影响。但一些陆生的狸藻，相较于它们大型的花序和苍白的地下根系，其叶片也非常微小，似乎不足以从光合作用中得到足够的能量供给它们生存。这表明它们的一部分能量来源可能是动物性猎物。有研究人员将这些狸藻放置在充满碳素来源的完全黑暗的环境中，结果发现它们仍然能够顺利生长。这一结果也支持了这些植物可能是部分异养的猜想。

肉食植物有着不同类型的消化腺。腺毛草、茅膏菜、捕虫堇、粘虫草和盾籽穗叶藤具带柄的腺体；不带柄的腺体出现在貉藻、腺毛草、捕蝇草、粘虫草、螺旋狸藻、猪笼草、捕虫堇、盾籽穗叶藤和狸藻中。凹陷入植物组织内部的腺体则只出现在土瓶草、眼镜蛇草和瓶子草中。这些消化腺体不仅产生消化酶，同时也有感受器和营养吸收的功能。

而消化猎物的过程也可以分为以下三种类型：捕虫笼、龙虾笼和吸入陷阱形成一个封闭的消化空间，其中一直充满了消化液。猎物则在这一

谷霍腺毛草（*Byblis guehoi*）粘住的昆虫。谷霍腺毛草的消化酶被直接分泌到黏液中，昆虫在被粘住的地方直接被消化。（橙子夏 2013 摄）

“胃”状结构中不断被消化；貉藻跟捕蝇草使用的捕虫夹，则只在抓获猎物之后，才开始分泌消化液进行消化；粘虫陷阱则将消化液直接分泌到黏液中，在粘住昆虫的部位进行消化。

肉食植物彻底消化猎物的时间视猎物种类和猎物大小而定。粘虫草能够在 24 小时内消化掉一只蚊子，捕蝇草则需要在捕获猎物 20 小时后才开始分泌消化酶。猎物尺寸越小，肉食植物消化得越快。过大的猎物对肉食植物反而会造成损伤，如果不能及时消化，剩余的蛋白质就会吸引细菌和真菌着生，使得叶片容易腐烂。

在这一三角关系中，三者都是心机满满，所谓没有永远的朋友，只有永远的利益。

第三章

狼狈为奸与三角关系——捕虫树的心机

捕虫树（*Roridula*） ▶是捕虫树科捕虫树属植物，只有两种，生长在南非最南端的开普地区。属名来自拉丁文“*roridus*”，意为被露水打湿，体现了其捕食叶上的黏性分泌液。植物学家卡尔·蒂恩贝格（Carl Peter Thunberg）在1773年去南非旅行时，在开普地区看到了这种植物。他说当地人用捕虫树来粘屋子里的苍蝇。当林奈于1764年首次描述该属的时候，捕虫树跟茅膏菜被放在一个科里。到了1924年，该属才被独立成科。由于具有类似的粘虫陷阱，捕虫树一开始被认为跟澳大利亚产的肉食植物腺毛草关系很近。当代分子系统学研究则表明，捕虫树应该属于杜鹃花目，其最近的亲戚是猕猴桃科和另一美洲肉食植物类群瓶子草科。

捕虫树生长在非常贫瘠的山区石英岩沙砾中，因此需要靠肉食行为补充所需的营养。 捕虫树对当地干燥易燃的环境有着特殊的适应性，在频繁出现的山火之后，捕虫树的种子可以在寸草不生的一片焦土中萌发，并借此在与其他植物的生长竞争中取得优势。捕虫树可以长至两米高，并有着非常发达的，由大量细长根须组成的根系，条件适宜时植株可以开出

捕虫树（*Roridula gorgonias*）。可以长至两米高。（图自 Polypompholyx）

漂亮的由五个萼片、五个花瓣、五个雄蕊和三个联合心皮组成的粉红色小花。雄蕊的基部会分泌蜜汁，可以吸引昆虫来传粉。捕虫树的茎干上端有着黄绿色、无托叶的细长的叶片。叶片上密布黏性极高的腺毛。黏液在阳光下如同蜜汁一样闪光，吸引昆虫来访，并将其牢牢粘住。捕虫树的猎物主要是飞行昆虫，如苍蝇跟胡蜂。由于捕虫树的分泌液黏性非常高，有时也能捕捉到诸如蝴蝶或者蜻蜓之类的大型昆虫。人们一度认为捕虫树是跟茅膏菜类似的肉食植物，因为它们都采用相似的粘虫陷阱来捕捉昆虫。但后来的研究表明，它并没有能力自己产生消化酶，仅仅是将昆虫粘住而已。所以后来人们将捕虫树归到了不靠自己消化猎物，而是通过其他生物协助获得营养的原肉食植物。

捕虫树不能自己消化猎物，那么它们是靠什么来消化猎物获得营养的呢？这就不得不提到跟捕虫树共生的两种刺蝽（*Pameridea marlothii*, *P. roridulae*）和一种花叶蛛（*Synaema marlothii*）了。刺蝽和花叶蛛可以在捕虫树上自由行走而不被粘住。刺蝽独特的端跗节构造可以使它们紧握住捕虫树腺毛不具黏性的茎干部分，因而不会被具黏性的顶端粘住。此外，刺蝽在捕虫树上行走时会尽量避免跟其进行身体接触，它们还会经常清理自己的身体，防止被过多的黏液粘住。1996 年的一项研究通过追踪捕虫树体内的氮素来源，发现捕虫树的营养的确大量来自它捕获的昆虫。刺蝽行走在捕虫树上，吸食捕虫树粘住的其他昆虫，花叶蛛同时也捕食刺蝽。捕虫树为它们提供庇护和食物，并通过它们的排泄物吸收营养，形成狼狈为奸的共生关系。

但故事并没有那么简单，研究者后来发现捕虫树、刺蝽和花叶蛛的共生关系比预想的要复杂得多。南非科学家在 2002 年的一项研究中，利用同位素标记了粘在捕虫树上的昆虫，仔细研究了其在不同条件下的营养吸收情况。结果表明，当刺蝽占多数的时候，捕虫树能够最终从猎物中获得 70% 的氮素；但当花叶蛛占多数的时候，捕虫树则只能获得 30% 的氮素。研究者将它们的关系形容成“两人跳探戈，三人起冲突”（It takes two to tango but three is a tangle）。刺蝽跟捕虫树的关系是互惠互利的，刺蝽为捕虫树消化猎物，并用排泄物为捕虫树提供营养；捕虫树则为刺蝽提供食物来源和栖息地，两者各取所需。但插足于其中的花叶蛛，则充当了欺骗者的角色，它更像是捕虫树上的寄生虫，靠捕食被粘住的昆虫和刺蝽获利，却厚颜无耻地不对捕虫树做出应有的回馈。

然而世事难料，2007年，上述研究者又进行了进一步的实验，发现这一三角关系并非之前想象得那样单纯，剧情又有了新的反转。通过人为控制捕虫树上的昆虫数量，研究者比较了捕虫树在不同情况下的生长状况。结果发现，刺蝽跟捕虫树的友谊并没有看上去那么牢靠，花叶蛛也并不是不劳而获的欺骗者。刺蝽其实也心怀鬼胎，在捕食捕虫树粘住的昆虫的同时，也吸食捕虫树的汁液。研究者们发现当刺蝽的种群规模过大的时候，没有足够的昆虫供给，刺蝽就会开始大量吸食捕虫树的汁液，捕虫树的生长反而会受到严重影响。这个时候花叶蛛的重要性就体现出来了。花叶蛛依靠捕食刺蝽对刺蝽的种群规模进行了限制，能够防止其种群规模过度膨胀危害到捕虫树的健康。

在这一三角关系中，三者都是心机满满，所谓没有永远的朋友，只有永远的利益。捕虫树招来刺蝽为自己消化猎物，刺蝽心里也有着自己的小算盘，欺负捕虫树无力反抗，趁机也从它身上揩油。然而捕虫树也不是省油的灯，它又招来了花叶蛛来保护自己。虽然花叶蛛没办法为自己提供多少营养，但花点小钱给自己雇个保镖，打压控制一下有恃无恐的刺蝽，也是利大于弊的。

这就是捕虫树跟刺蝽与花叶蛛的共生关系，▶看似和和美美，实则尔虞我诈，相互制衡，上演了一出自然界的《三国演义》。

想要饲养捕虫树的肉食植物爱好者，最好使用比例为 3 ： 1 的泥煤和石英混合物。介质的湿润度要适中，以避免根系腐烂，但也不要彻底使其干燥，并且需要用不含石灰钙质的水进行浇灌。捕虫树需要光照充足但温度适中的环境，可以用种子进行种植。

捕虫树（*Roridula dentata*）和其上共栖的两种节肢动物：刺蝽和花叶蛛。刺蝽和花叶蛛为捕虫树消化其所捕获的猎物，并通过排泄物为捕虫树提供生长所需的营养。花叶蛛同时也捕食刺蝽，防止同时取食捕虫树的刺蝽种群过大，威胁到捕虫树的健康。（小铖绘）

有一种植物，对待传粉者和猎物都非常粗暴，简直就是植物界如同老虎狮子一般彪悍的存在——它就是花柱草。

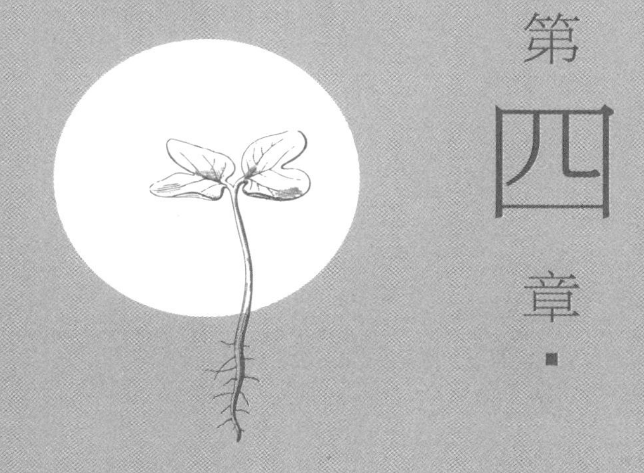

第四章

传粉者还是食物？——花柱草的野心

肉食植物所要面临的一大困境是，怎样保护自己的传粉者不被自己吃掉。植物毕竟不比动物，无法主动甄别猎物。没有肉食植物希望承载着自己繁育下一代希望的传粉者转头就成为自己的盘中餐。吃饱事小，繁殖才是头等大事。所以肉食植物是怎样协调肉食行为和传粉这一对矛盾的呢？诸如瓶子草和捕虫堇之类的肉食植物，会将花开在高高的花茎之上，使自己的繁殖器官远离捕虫陷阱，免得传粉者被自己误杀，功亏一篑。另有一些瓶子草，则采取了将肉食行为和传粉在时间上分隔开的策略。在新的生长季来临的时候，它们的花序都会先于捕虫笼约一个月生长出来，在完成授粉之后，才长出捕虫笼开始进行肉食行为，从而尽量避免误伤传粉者。而另有研究者认为，肉食植物在漫长的演化中，对其捕食的昆虫和传粉的昆虫进行了不断选择，最终出现了专一化的趋势，使得这两者井水不犯河水。但我们对这一捕食专一性的研究还非常有限，目前还没有很有说服性的研究来验证。

但有一种植物，对待传粉者和猎物都非常粗暴，简直就是植物界如

紫瓶子草（*Sarracenia purpurea*）高耸的花茎，使它的花跟捕虫笼离得远远的，可以防止传粉者被自己误食。（图自 shipguy）

同老虎狮子一般彪悍的存在——它就是花柱草。

花柱草属于花柱草科（Stylidiaceae）花柱草属（*Stylidium*），有约 300 种，主要分布在大洋洲，光是西澳大利亚就有 150 种花柱草，并

锦地罗（*Drosera burmannii*）高耸的花茎，防止其传粉者被下面的叶片粘住。（小铖摄）

奇异猪笼草高耸的花序，远离其捕虫笼。（小铖摄）

使得花柱草属成为澳大利亚植物中的第五大属。花柱草的属名来自希腊语“stylos”，意为柱子，突出了它们不同寻常的柱头结构。一些种类的花柱草只有几厘米高，但有一些可以长到 1.8 米高。花柱草在靠近地面的位置长有莲座状的叶，从中间伸出高高的花茎来。我国也有两种，产于南岭以南地区。一种是湿地花柱草（*S. uliginosum*），产于广东、海南的山脉上以及溪水边的湿润草地中。另一种是狭叶花柱草（*S. tenellum*），产于福建、广东、海南、云南的稻田和湿地中。前者叶基生，后者叶茎生。

花柱草，可以在花的侧面看到蓄势待发的后仰的花柱，准备打击传粉者。（小铖摄）

1770年，英国海军上校詹姆斯·库克（Captain Cook）乘“努力号”三桅帆船，完成新西兰沿海旅行后，来到澳大利亚东部悉尼海岸的植物学湾（Botany Bay），同行的植物学家第一次发现了花柱草。同行的著名植物插画家悉尼·帕金森（Sydney Parkinson）为花柱草画了草图，这些图片也出现在了随后出版的《班克斯群芳谱》（*Banks' Florilegium*）中。这趟航行也是人们首次到达澳大利亚东岸，植物学湾也因其令人惊叹的丰富植物种类而得名。19世纪早期，法国植物学家查理·莫伦撰写了第一份花柱草形态解剖的报告。随着后来人们越来越多地开始造访大洋洲，新的花柱草也越来越多地被人们发现。大部分花柱草种类都比较耐寒耐冷，容易在温室或户外花园种植。 英国的大部分地区和美国的纽约、西雅图以南的地区都可以进行种植。

花柱草最引人注目的特征不是它的肉食性，而是它的传粉方式。花柱草的花 ▶有四片花瓣，两侧对称，一般总状花序排列，也有形成单花的种类。花的大小从0.5厘米到二三厘米不等，花色一般为白色、黄色或粉色。花柱草采用一种极具有攻击性的方式对待传粉者。它的雌雄蕊融合成一根花柱，平时像手枪的扳机一样后仰在花的下方。当传粉者造访停留在花朵上的时候，就会刺激花柱的膨胀压发生改变，花柱就会从后向前发射，如同蓄势待发的拳击手忽然出拳一样，对着传粉者打去，使传粉者全身密布花粉。整个过程需要的时间可以快至15毫秒。在“开火”之后，花柱会慢慢恢复到它的初始位置，这一过程则要慢一些，需要几分钟或者半个小时。复位之后便可以进行下一次“开火”了。为了降低自交率，花柱草还有雌雄异熟现象。也就是说花柱上的雌蕊和雄蕊会先后成熟，轮流

花柱草（*Stylidium turbinatum*）花的侧面观（左）和花柱的发射过程（右）。花柱草的雌雄蕊融合成一根花柱，平时后仰在花的下方。当传粉者停留在花朵上的时候，就会刺激花柱从后向前发射，对着传粉者打去，使传粉者全身密布花粉。（小铖绘）

使用同一根花柱攻击传粉者。雌蕊成熟的时候就接受来自其他植株的花粉，雄蕊成熟的时候就将花粉打到传粉者身上。不同种类的花柱草的扳机装置的位置也有所不同，有的会打向传粉者的背部，有的则会打击传粉者的肚子。可怜的传粉者小昆虫们，经常会被花柱草打得晕头转向。

花柱草不仅极具攻击性地粗暴对待传粉者，更神奇的是它居然还具有肉食性！可谓将昆虫吃干抹净，毫不留情。但跟它在传粉上的攻击性相比，它的肉食性就显得“温柔”多了。花柱草采用的是跟茅膏菜类似的粘虫陷阱，其花被、叶和花茎上都密布腺毛，能够分泌黏液粘住昆虫。一些研究发现某些种类的花柱草可以分泌消化酶，但关于花柱草的消化功能的研究还不够充分，它到底是拥有自行消化功能的真肉食植物，还是需要借助微生物来消化的原肉食植物，还需要进一步研究验证。

那么问题来了。花柱草一点都不避讳传粉跟肉食，黏黏的腺毛甚至都长到花茎和花上去了，它就不怕把自己的传粉者也吃了吗？观察所得到的结论是，跟茅膏菜相比，花柱草的粘虫陷阱的黏度要低得多，只能粘住一些非常微小的昆虫，这些昆虫往往不会为花柱草传粉（想想它们的小身板也是经不起花柱草粗暴的攻击的）。花柱草的食虫行为，似乎本来目的只是保护自己的繁殖器官不被其他小型昆虫侵害，而不是为了从它们身上获取营养，获取营养或许只是一个提供零嘴的添头技能。花柱草的肉食行为还需要研究进一步验证。

花柱草展现了动植物互动关系中植物所能呈现的最主动的一面。在这一关系中，植物为了最有效地完成传粉和补充营养的功能，一改以往被动的形象，主动出击，倒是衬托得动物的形象娇柔可怜起来。

大自然还真是无奇不有，研究者们还真发现了两种可以杀死鸟类的植物——安第斯皇后和无刺藤。

第五章

杀鸟者
——安第斯皇后和无刺藤

跟捕杀昆虫相比，人们一般不会相信植物有捕杀鸟类的能力。一个安坐在地上动弹不得，一个动作敏捷，高高地飞在天空中，植物要捕杀鸟类，简直是癞蛤蟆想吃天鹅肉。但大自然还真是无奇不有，研究者们还真发现了两种可以杀死鸟类的植物——安第斯皇后和无刺藤。

安第斯皇后 ▶又名莴氏普亚凤梨（*Puya raimondii*），是凤梨科皇后凤梨属植物。安第斯皇后是最大的凤梨科植物，原产于秘鲁和玻利维亚安第斯山脉海拔 3000 ~ 4800 米处。安第斯皇后可以长至 3 米高，其花茎甚至可以高达 9 ~ 10 米，其上可以开出 8000 多朵花，产生 600 万枚种子。安第斯皇后需要长约 40 年才开花，和其他大部分凤梨科植物一样，安第斯皇后开花之后就会很快死去。未成熟的植株的叶片呈坚挺的剑状，可以长至 1.3 米长，在茎上呈致密莲座状排列。在成熟的植株上，枯萎死去的叶子厚厚地覆盖住树干下方，像裙子一样。安第斯皇后的叶片呈三角状槽形，叶宽约 6.5 厘米。两侧边缘都长有硬而锋利、向内或向后卷曲的棘刺，呈红色到暗棕色。棘刺长约 10 毫米，在叶缘上密集排列直到叶基部，相互之间相距最近不到 1.5 厘米。

研究者们在安第斯皇后的叶片和附近的地面上发现了大量的鸟类排泄物，使得人们开始注意到它跟鸟类的密切关系。但出人意料的是，在对植株进行仔细观察的时候，研究者们发现了一些小型鸟的尸体，挂在靠近叶腋处的叶片密生棘刺上。

安第斯皇后，最大的凤梨科植物，生长于秘鲁和玻利维亚安第斯山脉海拔 3000~4800 米处，可以长至 3 米高，其花茎甚至可以高达 9~10 米。（小铖绘）

安第斯皇后靠鸟类传粉。黑翅地鸠（*Metriopelia melanoptera*）和一些小型雀形目鸟类，也将巢筑在它的叶座上，并用叶片上异常锋利的棘刺作为支撑。鸟类于其中栖息停留，鸣唱求偶。筑巢的鸟的粪便可以为安第斯皇后的生长提供营养，但安第斯皇后锋利的棘刺也可以伤害和杀死粗心大意的鸟，尤其是柔弱的幼鸟。研究者仅仅在 17 株安第斯皇后上就发现了 44 只死鸟，且以黑翅地鸠居多。当研究者想要取下挂在棘刺上的死鸟的时候，手臂上的衣服也经常会被植物的倒刺挂住。唯一能安全挣脱而不被划伤的方法是将手臂向植株内侧伸展。但越靠近植株中心，棘刺就越密集，想要挣脱的难度就越大。同理，被棘刺挂住的鸟类，往往会向植株深处挣扎，但越挣扎越不容易挣脱，最终耗尽力气而死亡。安第斯皇后的叶片呈槽状卷曲，可以将掉落在叶片上的水分向植株中心运输，在其干旱的生长环境中，这一保存集

黑翅地鸠，一种分布在南美洲的鸠鸽科鸟类，经常选择在安第斯皇后上筑巢。（图自 Gary L. Clark）

聚珍贵的水分的功能显得尤为重要。研究者们猜想，水槽状的叶片也可以将鸟类粪便和死鸟这一类的腐殖质向内部运输并为自己提供营养。

无刺藤（*Pisonia grandis*）则是另一种人们观察发现到有杀鸟行为的植物。无刺藤是紫茉莉科腺果藤属植物，分布于印度洋和太平洋的珊瑚环礁上。在这些海岛上，无刺藤往往成为优势树种，很多海鸟，如白燕鸥（*Gygis alba*）、小黑燕鸥（*Anous tenuirostris*）、红脚鲣鸟（*Sula sula*）都在无刺藤上筑巢和繁殖。跟大部分其他植物不同，无刺藤偏好由大量鸟类排泄物构成的酸性鸟粪土。无刺藤树林和大量鸟类种群共同构成了典型的杰莫土（Jemo soil），这种土壤以覆盖于磷酸盐和珊瑚礁上的酸性糊状物质为特征。

无刺藤的花，无刺藤分布于印度洋和太平洋的珊瑚环礁上。（图自 Forest & Kim Starr）

被无刺藤具有高黏度的种子缠住而丧失飞行能力的鸟。（小铖绘）

无刺藤为鸟类提供了栖息地，同时无刺藤的种子传播也依赖鸟类进行。无刺藤能产生具有一枚种子的掺花果（除了果皮，还有其他花的部分，如花被参与果实构成）。无刺藤的种子被延长宿存的花萼包裹，长约 10 毫米，直径 2~3 毫米，可以产生非常黏的树液，使其牢牢地粘在鸟的羽毛上。果实一般长在大型花序上，每一个花序可以产生 12~200 颗种子。种子成熟时就会掉到地面上。但鸟类也往往会被这种非常具有黏性的种子粘住。

人们观察到无刺藤上经常会有粘满无刺藤种子的鸟类尸体，便猜想无刺藤可能利用自己的种子粘住鸟类，使其动弹不得，最终死于非命。无刺藤果实的成熟季节可以造成数百只鸟类的死亡。而无刺藤的种子则在鸟类尸体腐烂后从中获得营养进行萌发。

但毒杀鸟类的行为跟让鸟传播自己的种子的目的似乎是矛盾的，所以研究者就做了一系列关于无刺藤杀死鸟类的目的研究。他们比较了鸟类尸体和普通地面上无刺藤种子的萌芽情况，两种情况下幼苗的存活率，以及无刺藤种子在海水中的生存情况。结果发现，无刺藤的种子每天只能忍受被浸泡在海水中约30分钟，超过这个时间，种子的萌发率就会大大降低。此外，黏附于鸟类尸体上的无刺藤种子并不太可能到达无刺藤生长最理想的土壤环境。这些迹象表明，无刺藤不太可能借助死鸟在海水中的漂流进行传播。

此外，研究者还对比了黏附在鸟类尸体上的种子和地面上的普通种子的发芽率，发现前者并不比后者高。腐烂的鸟类尸体所吸引来的腐食性蟹类对无刺藤幼苗和种子的破坏，会大于无刺藤从腐殖质中吸收营养所得到的好处。腐食性蟹类会将无刺藤的种子和幼苗埋于地下，影响到无刺藤的生长。无刺藤的营养也并不需要通过杀鸟来获得，大量鸟类的粪便和失足跌死的幼鸟，已经足以为无刺藤生长提供充足的营养了。无刺藤种子的这一恐怖病态的杀鸟行为，可能只是为了让自己的种子能够有效传播的策略的副作用。无刺藤高黏度的种子能够牢牢地粘在鸟身上，降低脱落的风险。但鸟被过多的种子黏附，其行动就会大大受到影响，甚至会因为无法飞行而死亡。

和安第斯皇后从杀鸟行为中为自己补充营养不同，无刺藤的杀鸟行为只是鸟类运输传播其种子的过程中所产生的意想不到的副作用，其行为本身并不能为无刺藤带来好处，反而会影响到它们种子的萌发。所谓“不能抓得太紧把鸟捏死了”，正是无刺藤带给我们的“教训”。

这两个例子表明，植物谋杀行为的动机和目的可能是各不相同的，也并不总能为植物带来好处。我们需要通过生态学研究进行仔细的考察。各种科学假设不是想当然就能成立的,而是需要各种严密的实验去验证的。

或许我们身边的某些植物，就在它们的
某一个生长阶段，会悄悄向动物下手，
给自己捞点零嘴来。

第六章

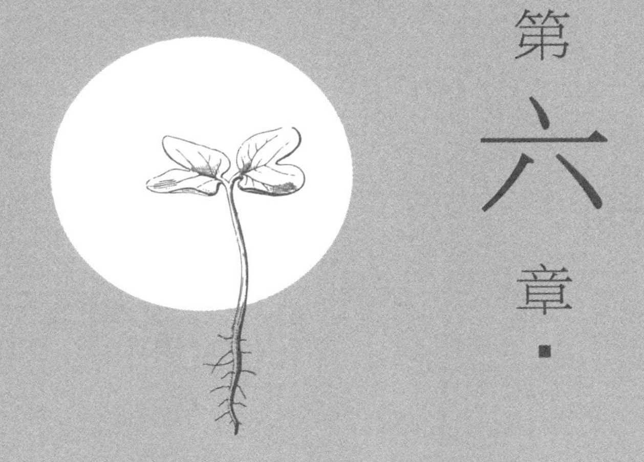

放下屠刀，立地成佛——盾籽穗叶藤的临时肉食行为

盾籽穗叶藤（*Triphyophyllum peltatum*）▶是石竹目双钩叶科植物，生长于热带非洲西部塞拉利昂和利比里亚等地的湿热低地雨林中。双钩叶科包括三个单种属（每个属只有一个种）——双钩叶属（*Dioncophyllum*）、穗叶藤属（*Triphyophyllum*）和盾籽藤属（*Habropetalum*）。它们都是大型木质藤本，以带钩状结构的叶片著称。它们的叶片前端有两个向后反折的钩状物，使得它们能够攀附到附近的树木上，向上攀爬来到森林的树冠层，从而接收到更多的阳光。

但奇怪的是，双钩叶科这三种植物中，肉食性只出现在盾籽穗叶藤中，其他两属皆无此现象。而且盾籽穗叶藤乍一看跟普通植物没有什么区别，其根系发达，植株也颇为高大，跟人们印象中的肉食植物的形象相去甚远。好像它某一天忽然胃口大开了，想抓点虫子来当零嘴了，就自顾自演化出了这么一套肉食机关。盾籽穗叶藤这一看似孤立的肉食行为，也引起了生物学家的极大兴趣。

盾籽穗叶藤（*Triphyophyllum peltatum*）在营攀缘生活之前会直立生长一段时间并长出捕虫叶，图示即类似于茅膏菜的粘虫捕虫叶。（小铖绘）

其实如果看盾籽穗叶藤在系统分类上的关系，将它跟其他肉食植物攀上亲戚并不困难。双钩叶科含有白花丹素类萘醌衍生物，而同产于亚洲和非洲热带的钩枝藤科（Ancistrocladaceae）也含有此类化合物，显示了它们的亲缘关系。从形态学和分子系统学揭示的亲缘关系来看，它们再远一点的亲戚就是分布于西班牙、葡萄牙和摩洛哥的肉食植物粘虫草科，更远一点就是肉食植物大科猪笼草科和茅膏菜科了。所以在这一肉食植物大家族里，反而是钩枝藤科和双钩叶科另外两个不肉食的属成了异类。人们仔细研究了盾籽穗叶藤的“素食”亲戚，发现道氏盾籽藤（*Habropetalum dawei*）只在幼茎上有着跟盾籽穗叶藤相似的黏性腺体，而在托伦双钩叶（*Dioncophyllum thollonii*）上则并未发现类似腺体。所以生物学家推测，不是盾籽穗叶藤心血来潮忽然演化出了一套肉食系统，而是它同科的两个亲戚跟另外一个姐妹科钩枝藤科，在演化过程中丢失了肉食性，放下屠刀，转而变成了“素食主义者”，恢复了植物安分守己的本来面貌。

盾籽穗叶藤于 1927 年才被人首次描述，并被放置在双钩叶属中。1951 年，英国植物学家艾瑞・肖恩（H.K. Airy Shaw）根据它不同寻常的花和叶片结构，将其独立成属。盾籽穗叶藤的属名意指这种木质藤本的三种不同类型，具有不同功能的叶片。而种名则来自拉丁文，意指其呈盾状的种子。盾籽穗叶藤可以长到 70 米，但在其幼年时期则有莲座状基生叶，并有着发达的根系。盾籽穗叶藤的花长在排列疏松的圆锥花序上，小而呈白色，有微香。盾状的种子被膜质的边缘包裹，直径 5~8 厘米，靠风传播。

盾籽穗叶藤的肉食性直到 1979 年才为人所知，它采用的是类似于茅膏菜的粘虫陷阱。盾籽穗叶藤是攀缘植物，但在生长初期会在地面直立生长一段时间，这一时期植株可以长到高至 1 米，并产生两种跟攀缘期不同的叶片。幼苗首先会产生几乎没有腺体的倒披针形的叶片，长至 30 厘米，进行光合作用。但在雨季来临之后，它就会产生富含腺体的丝状叶，长至 25 厘米。这种叶片的生长跟粘虫草类似，会从内向外不断翻卷延伸而出，但其生长周期一般只有几周。这种捕虫叶的捕虫机制跟茅膏菜和粘虫草的捕虫叶极为相似，靠腺毛分泌的黏液来粘住猎物，并进行消化。捕虫叶会产生有柄和无柄的两种腺体。这其中具维管束的有柄腺体只在茅膏菜、粘虫草和西番莲科中存在，有植物学家称其为植物界中从解剖学来看最精巧的结构。昆虫被粘在腺体上就会动弹不得，但捕虫叶本身并不会像茅膏菜一样卷曲。叶片顶端新长出的部分呈深红色，腺体分泌的液体并不会粘住昆虫。下方更成熟的部分会变成浅粉色，只能粘住少数昆虫。只有中部最成熟的部分才会粘住大量昆虫，而最下方的部分则变得更干燥，也很少能粘住昆虫。

但在此阶段生长一段时间之后，盾籽穗叶藤就不再产生捕虫叶，开始长出顶端具钩的倒披针形叶进行攀缘生活。这种“放下屠刀，立地成佛”的临时肉食行为在肉食植物里面非常罕见。研究者认为，盾籽穗叶藤之所以这样做，是因为它们需要在转变到攀缘状态前充分积累能量，而肉食行为则是作为对这一过程中对土壤营养供给不足的补给。有研究发现，盾籽穗叶藤的叶片中富含钾，但钾在周围的土壤中是缺乏的，所以很可能来自肉食行为。盾籽穗叶藤很可能在生长初期会在陆地上为自己今后的长路漫漫，艰苦卓绝的“登山”之旅大量“采购”资源，肉食行为也是“采购”手段之一。一直等到办齐足够的资源以后，它才会一鼓作气开始自己的“登山”攀缘生活。

而它同科的道氏盾籽藤跟托伦双钩叶，以及另外一个姐妹科钩枝藤科，可能随着本身获得营养的能力加强，就不再需要肉食行为进行营养补给了，它们的肉食行为也就渐渐退化消失了。

除了盾籽穗叶藤，还有一种茅膏菜（*Drosera caduca*），也有类似的临时捕虫行为。这种茅膏菜原产于澳大利亚西部的白色沙土中，1996 年才被人发现。它们的成熟叶片上并没有黏性的粘虫结构，只在其幼叶阶段会表现出肉食性。这也是仅有的我们已知的两种具有临时肉食习性的植物。

盾籽穗叶藤的临时肉食行为为我们搜寻新的肉食植物提供了一个新的方向。或许我们身边的某些植物，就在它们的某一个生长阶段，会悄悄向动物下手，给自己捞点零嘴来。

盾籽穗叶藤目前只能用种子繁殖，它需要具有半遮阳、持续高湿度的温室条件，并需要定期浇水。温度不能低于 18 摄氏度。土壤需要高渗水性，并富含腐殖质。所以盾籽穗叶藤是最难以栽培的肉食植物之一，目前仍是大部分肉食植物爱好者的“禁脔”，只有少数专业植物园有条件栽培。

盾籽穗叶藤体内含有的生物碱，也因为具有各种各样优良的生化功能，特别是抗植物真菌感染和对食草害虫的生长抑制作用，受到了生物化学家的重视。另外一些生物碱还被发现对某些广泛传播的热带疾病如血吸虫病和疟疾有疗效，引起了药学家的重视。其中一种生物碱（dioncophylline A）被发现对螺类有很强的杀灭作用，以 20ppm 的浓度在 24 小时内就能杀灭所有的螺类，以后有望在农业中应用，进行有害螺类的防治。另有一些生物碱（dioncophylline C，dioncopeltine A）则被发现对热带疟原虫有着良好的抑制作用，在实验中，给感染疟疾的小鼠连续喂食 dioncophylline C，第四天后其血液内的疟原虫含量就降到了零，并且没有任何副作用。而更鼓舞人心的是，这种生物碱不仅对处于红血球内期的疟原虫有效，对处于红血球外期的肝细胞中更难被杀灭的疟原虫也有效，将来有可能据此研发出具有奇效的抗疟疾新药。

这些研究告诉我们，肉食植物不仅仅能满足我们对光怪陆离的生命现象的好奇心，它们也能利用体内的一些化合物来真正造福我们。大自然是珍贵的天然药物宝矿，或许一些能改变人类医学进程，帮助我们战胜某些顽固疾病的关键药物，就蕴藏在这些奇特的肉食植物体内。

另外一些猪笼草，则越走越远，慢慢偏离了其捕食小动物的初衷，开始向腐食的道路前进。

第七章

肉食植物还是腐食植物？——猪笼草中的异类

猪笼草大概是大家最为熟知的肉食植物了。猪笼草是石竹目（Caryophyllales）猪笼草科（Nepenthaceae）猪笼草属（*Nepenthes*）植物，主产于亚洲的热带雨林地区，全世界约有120种，以其呈圆筒形，下半部膨大的捕虫笼著称。猪笼草在我国的海南有分布，因为捕虫笼长得像酒壶，又被称为雷公壶。

猪笼草的捕虫笼由三个部分组成：负责吸引昆虫的笼盖和笼口的唇状结构；具引导性的蜡质区域；笼底部有消化腺体分泌消化酶的吸收区域。笼盖和笼口往往有鲜艳的颜色或者蜜腺，来吸引昆虫到来。笼口下侧的引导区被蜡质层覆盖，非常光滑，昆虫到此部位时往往无从落脚，从而跌入笼中。消化区的消化液含有多种消化酶，负责消化跌入笼中的昆虫的营养物质。但消化液同时也通过其香甜的味道吸引昆虫来访。

人们一度认为，猪笼草属的肉食植物对其捕食的昆虫并没有选择性，来者不拒。但近年来植物学家通过对猪笼草属植物形态多样的捕虫笼的仔细研究发现，很多形态奇特的捕虫笼，恰恰是不同猪笼草获得氮素的不同策略的演化体现。如产于印度尼西亚婆罗洲（即加里曼丹岛）、西马来西亚和苏门答腊的白环猪笼草（*Nepenthes albomarginata*），其笼开口处唇下有一层密集的白色绒毛，可以吸引附近的白蚁来啃食。在这一过程中，很多白蚁就会不慎掉入捕虫笼中。研究者们发现，白环猪笼草至少 50% 的氮素营养都来自白蚁，说明了这种猪笼草对其捕食对象出现了专一化的演化。

而另外一些猪笼草，则越走越远，慢慢偏离了其捕食小动物的初衷，开始向腐食的道路前进。

苹果猪笼草 ▼广泛分布于东南亚地区，其种加词“*ampullaria*” 来自拉丁文“*ampulla*”，意为烧瓶，描述了其捕虫笼的形状。苹果猪笼草的捕虫笼都很小，大约 10 厘米高，7 厘米宽，捕虫笼的颜色为浅绿色或深红色。苹果猪笼草最不同寻常的特点是其笼盖向外翻折，不具有遮挡雨水的作用。使得整个捕虫笼开口完全敞开，这一特点有助于其上方树木叶子的落入。苹果猪笼草是少数几种捕虫笼中缺乏新月形细胞的物种，这种变态细胞可以让昆虫更容易滑入笼中。而苹果猪笼草唇上的蜡质区也非常贫乏，这些特征也显示了其肉食性的退化。

怎样验证苹果猪笼草的主要氮素来源是落叶而不是昆虫呢？研究者设计了这样的实验。研究者分别检测了生长于雨林树冠下的苹果猪笼草和开阔地带的苹果猪笼草中的氮 15 同位素含量。氮 15 是自然存在的非放射性（稳定）同位素，在动物体内的丰度大大高于在植物体内的丰度。所

苹果猪笼草是一种从肉食向腐食演化的肉食植物。（图自橙子夏 2013）

以如果苹果猪笼草的主要氮素来源是植物落叶，其体内氮 15 的丰度就会低于氮素来源于捕食动物的猪笼草的丰度。生长于雨林树冠下的苹果猪笼草，能够获得更多的落叶，所以其体内氮 15 的丰度，应该低于开阔地带苹果猪笼草体内氮 15 的丰度。而实验的结果，也验证了这一猜测。苹果猪笼草的氮素营养，的确大部分是来自落叶。

另外三种猪笼草：劳氏猪笼草（*N. lowii*）、马来王猪笼草（*N. rajah*）、大叶猪笼草（*N. macrophylla*），则通过山地树鼩（*Tupaia montana*）的排泄物吸收氮素营养。这三种猪笼草都产于东南亚。马来王猪笼草的捕虫笼可高达 41 厘米，宽 20 厘米，容积可达 2.5 升，是所有猪笼草中捕虫笼容积最大的物种。马来王猪笼草甚至可以捕获脊椎动物以及小型哺乳动物，人们曾在其捕虫笼中发现过老鼠。而劳氏猪笼草则以其中部剧烈收缩如葫芦一样的捕虫笼著称。

马来王猪笼草，世界上最大的猪笼草之一。笼盖上的蜜腺会吸引一些小型哺乳类动物造访，其舔舐蜜腺时排出的排泄物会掉入捕虫笼中，为猪笼草的生长提供营养。（图自 Ch’ien Lee）

这三种猪笼草都有着凹陷的大型开口和笼盖。其捕虫笼较长，尺寸正好跟山地树鼩的体形相当。山地树鼩被猪笼草笼盖内表面腺体所分泌的蜜汁吸引，前来舔舐。猪笼草笼盖下表面的反射光线，也是山地树鼩最敏感的蓝绿波段，有益于山地树鼩发现。而笼盖蜜腺到笼口前端的距离，正好相当于山地树鼩的头身长度。山地树鼩一边舔舐腺体，一边就将捕虫笼当成了“马桶”，排泄在其中。这些排泄物就充当了猪笼草的肥料，促进其生长。

而另一种大型猪笼草莱佛士猪笼草 ▶ 的变型（*N. rafflesiana* var. *elongata*），则被报道跟哈氏彩蝠（*Kerivoula hardwickii*）有互利共生关系。莱佛士猪笼草有着可以跟马来王猪笼草相媲美的大型捕虫笼，也有捕食老鼠的记录。莱佛士猪笼草分布广泛，捕虫笼的形状颜色差异很大，有着猪笼草属中最多的变型。莱佛士猪笼草长笼变型有着 4 倍于其他变型长度的捕虫笼，其香味很淡，捕虫笼中的消化液也很少。这些特征都显示出其肉食性的减退。研究者们仔细检查了其野生种群的捕虫笼，结果发现很多哈氏彩蝠将捕虫笼当成了栖息场所。而哈氏彩蝠的排泄物，则为猪笼草的生长提供了氮素。研究者们发现，该种猪笼草约 33.8% 的氮素都来自哈氏彩蝠的排泄物。

我们本来以为，我们对肉食植物的食性，特别是猪笼草这种众所周知的类群已经了如指掌。但上面所展示的几种猪笼草里的“异类”，充分显示了生命现象的出人意料和多姿多彩。一些肉食植物，在漫长的演化过程中，开始逐渐远离祖先们好不容易演化出的肉食习性。它们在已演化的

►莱佛士猪笼草，一类巨大的猪笼草。其长笼变型有着更为狭长的捕虫笼，可以容纳哈氏彩蝠在其中栖居，并通过排泄物为猪笼草的生长提供营养。（图自橙子夏 2013）

捕食器官上充分发挥创造力，将这些器官挪为他用，演化出了新的结构和功能。这些造型奇特的生物，往往能颠覆我们以前的认知，给我们带来意外的惊喜。也使得我们一次又一次地感叹大自然造化的神奇和生物演化对环境的强大适应性。

当其他肉食植物在陆地上大开杀戒的时候，貉藻和狸藻却悄然退回到祖先曾不惜一切代价离开的水中，开辟出了新的战场。

第八章

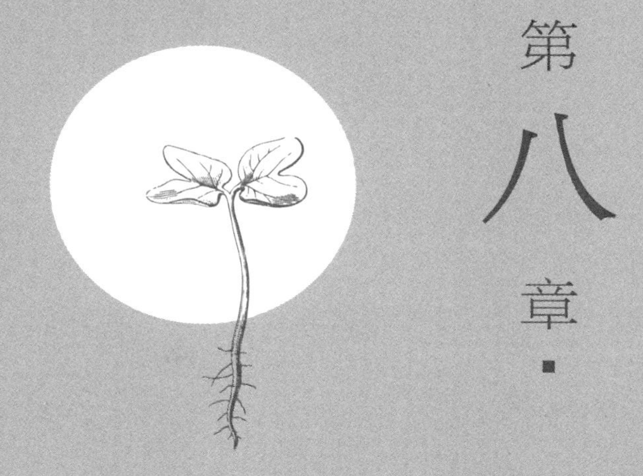

进军水域——貉藻和狸藻

人们熟知的肉食植物都生长在陆地上，它们利用各种陷阱来捕食“误入歧途”的昆虫。但大家可不要以为水中就是绝对安全的哦！虽然高等植物中并没有太多水生种类，从陆地回到它们的祖先费尽千辛万苦，好不容易脱离的水体环境。但就是在这样局限的水生类群中，也演化出了充满杀气的肉食植物。肉食植物成功向水体进军，开辟了新的战场。

貉藻（*Aldrovanda vesiculosa*）是石竹目茅膏菜科（Droseraceae）貉藻属（*Aldrovanda*）唯一的一种植物，跟茅膏菜和捕蝇草是近亲。跟它的两位陆生亲戚不同，貉藻的狩猎场在水体之中。貉藻原产于欧洲、亚洲、非洲和大洋洲，但它在 17 世纪末才被人从印度带到英国，为人所知。1747 年，加埃塔诺·蒙蒂（Gaetano Lorenzo Monti）在意大利博洛尼亚附近的湖中也发现了这种植物，他决定用建立博洛尼亚植物园的意大利博物学家尤里希·阿尔德罗万迪（Ulisse Aldrovandi）的姓氏作为貉藻属的名字。貉藻属本来被叫作“*Aldrovandia*”，但后来因为笔误变成了“*Aldrovanda*”，并一直沿用到现在。

貉藻，叶片轮生于茎干上，漂浮生长，
有着跟捕蝇草类似的捕虫夹式变态叶。
（图自 Denis Barthel ）

貉藻一般生活在静止或缓慢流动的水体中，自由漂浮，一般不会超过 40 厘米长。貉藻通体浅绿色，但一些澳大利亚的貉藻在阳光的直射下可以变成吸引人的红色。貉藻没有根系，茎中有大量充满空气的胞间空间，使其可以在水面上漂浮。生长期时，貉藻的前端不断生长的同时，末端也在不断凋萎。在严寒的冬季，貉藻会沉到湖底进行休眠，直到来年春天再恢复生长。

貉藻的叶片呈轮状排列，每一轮有 5 ~ 9 枚叶片，在基部联合。叶片跟它的近亲捕蝇草很相似，但要小得多，不到 1 厘米。每枚叶片有一根呈楔状的宽叶柄，在基部收窄。叶柄贯穿叶片，并在边缘处向外延伸形成 4 ~ 6 根刚毛。叶片大致呈圆形，在中脉处折叠，形成两个半圆。貉藻利用这种捕虫夹陷阱抓捕猎物。捕虫夹由两部分组成：叶片的边缘部分只由两层细胞组成，非常薄；而捕虫夹的中间部分则由两层薄表皮和其间的一层大型细胞组织构成。叶缘部分有表皮毛，在其内侧也分布有四叉毛。中间部分则有消化腺体和大约 20 根触发纤毛。

当夹子打开时，两半叶片呈稍大于 90 度的夹角。如果有猎物触碰到触发纤毛时，捕虫夹就会关闭，叶缘部分紧闭到一起。幼叶仅需触发一根纤毛就能马上关闭，老叶则可能需要多次触发。关闭动作主要发生在叶片中部。叶片的内侧表皮细胞将钾离子运出细胞，导致细胞内部压力改变，从而导致整个叶片的关闭。叶片在完全关闭后，消化腺会分泌消化酶来分解猎物，从中吸收营养。

另一种水生肉食植物狸藻，则属于唇形目狸藻科（Lentibulariaceae）狸藻属（*Utricularia*），跟捕虫堇和螺旋狸藻是近亲。和孤家寡人的貉藻不同，狸藻人丁兴旺，有 200 多种植物，也是所有肉食植物里种类最多的类群。

狸藻属于 1753 年被林奈首次描述，学名 *Utricularia* 来自拉丁文 *Utriculus*，意为小水袋，指狸藻跟皮水袋或酒袋形状类似的捕虫袋。狸藻不仅是种类最多的肉食植物，也是分布最广的肉食植物，以热带和亚热带的潮湿地带为分布中心，向北分布至格陵兰岛北极圈以内，向南分布到南非的好望角，最高分布到喜马拉雅山海拔 4200 米的高度。而南美洲有着世界上最多的狸藻种类，光是巴西就拥有 59 种狸藻，很多只有一两个居群，分布在极少的几个山头上。

人们印象中的狸藻都是生长在水体中的，但实际上狸藻也有陆生、岩表和附生种类，而且大部分狸藻都是陆生的。但潮湿的环境是所有狸藻生长都必需的。陆生狸藻一般生活在非常贫瘠，仅有少数植被覆盖的石英岩土壤中。它们在雨季湿润的时候生长，到了彻底干涸的旱季，就形成种子。岩表狸藻则跟一些苔藓和藻类一起生长在不断被水体冲刷的岩石表面。附生狸藻生活在其他植物上，利用它们作为支撑。大部分附生狸藻生活在热带树木树枝上的附生苔藓垫上。苔藓垫可以给它们提供湿润的环境。洪堡狸藻（*U. humboldtii*）甚至能生活在另一种肉食植物布洛凤梨（*Brocchinia reducta*）的叶片储水池中。附生狸藻可以形成块茎，达尔文认为这些块茎的作用是储存水分而非储存养分，并借此度过干旱缺水的时期。水生狸藻跟貉藻一样，在寒冷的冬季来临时，可以形成休眠结构沉入水底，到来年春季再继续生长。

狸藻是小型无根的草本植物，一般不超过 30 厘米高。最大型的狸藻是上面提到的洪堡狸藻，其花茎可以长至 1.3 米高。除了捕虫结构以外，狸藻往往还会长出正常的小型营养叶，但叶片的形状在不同种类间差别很大，有的是分叉状鳞片状，有的具叶柄并延长，有的是羽状，有的是盾状。生长在流动水体中的硬狸藻（*U. rigida*）甚至能长出长达 1 米的漂浮叶。很多水生狸藻在花序基部都有加厚充气的叶片，可以像游泳圈一样使它们能够在水面上漂浮生长。狸藻的花颜色多样，有白色、黄色、红色或是紫色。一些狸藻会为来访的昆虫提供蜜汁，花一般还会有香味；一些狸藻在

▶ 小蓝兔狸藻[*Utricularia sandersonii*(blue)]的花。原产于南非。由于其花朵有着如同兔子一般的有趣造型，备受肉食植物种植者的喜爱。(图自橙子夏 2013)

环境不适宜的时候还会发育出闭花受精的花。

不同种类狸藻的捕虫囊 ▶ 倒是都有着相似的结构。狸藻也拥有所有肉食植物中最复杂的捕食结构。由于体积很小，捕虫囊的功能在很长一段时间里都没有得到仔细研究。人们一度认为捕虫囊中充满了空气，起漂浮作用，但达尔文认为这是一种捕食和消化结构。直到 20 世纪中期，人们才对捕虫囊的捕食机制进行了详细的研究。

捕虫囊由叶柄、囊壁、触须、具刚毛的门、入口和腺毛组成。所有的捕虫囊都长在延长的叶柄上，捕虫囊开口跟叶柄的相对位置可以作为区分不同种的特征。囊壁一般由两层细胞组成，内层细胞比外层要小。捕虫囊在正常情况下处于负压，捕虫囊前端的触须可以吸引昆虫向门的方向游动。一旦有昆虫触碰门口的刚毛，门就会打开释放负压，将昆虫连同水一起吸入捕虫囊中。捕虫囊内有不同种类的腺体。四分叉的纤毛可以分泌消化酶消化猎物，并吸收其中的营养物质。在开口附近，两分叉的腺体则为囊内建立负压提供帮助。它们从囊内吸收水分，并运输到囊外。

当其他肉食植物在陆地上大开杀戒的时候，貉藻和狸藻却悄然退回到祖先曾不惜一切代价离开的水中，开辟出了新的战场。大自然为生物的演化提供了一个广阔的试验田，各种生物在其中探索着不同的道路，为了自己的繁衍另辟蹊径，闯出自己的一片天空。

黄花狸藻（*Utricularia aurea*）的捕虫囊，在正常情况下处于负压，一旦有昆虫触碰门口的刚毛，门就会打开释放负压，将昆虫连同水一起吸入捕虫囊中。（图自 Michal Rubeš）

让人们感到惊讶的是，这些新发现的肉食植物的猎物和捕食机制是如此隐秘，使得它们一眼看上去根本不会让人联想到布满昆虫残骸的肉食植物。

第

九

章

植物猎人
——发现新的肉食植物

异养植物是显眼的。看到毫无绿色和叶片结构的植物，忽然从地面上冒出一丛惊艳的花来，那它多半是寄生或者菌异养植物；看到粘满昆虫残骸或者有显眼捕虫囊的植物，它多半就是肉食植物。那么这个世界上的异养植物是不是都已经被人发现殆尽了呢？答案是否定的。肉食植物的种类虽然不多，但直至近5年内，仍然有新的肉食植物种类和肉食行为被研究者发现。让人们感到惊讶的是，这些新发现的肉食植物的猎物和捕食机制是如此隐秘，使得它们一眼看上去根本不会让人联想到布满昆虫残骸的肉食植物。这也为研究者打开了新的大门，开始充满兴致地进入雨林和荒漠中，或是在显微镜下仔细研究已发现植物的微小结构，希望能够发现新的肉食植物或是揭示出已发现植物的肉食行为，搞一个大新闻。

螺旋狸藻（*Genlisea*） ▶属于狸藻科的三个属之一，约有20种分布在美洲、南部非洲和马达加斯加岛热带地区。螺旋狸藻生长于白色的石英沙地中，或是残丘的渗流区域。大部分物种陆生，出现在至少季节性湿润的土壤贫瘠区域。螺旋狸藻是多年生基生叶的草本植物，只有几厘米高。

这种植物缺乏根系，地面上有狭长线状或竹片状的绿色叶片，地面下则有龙虾笼状的无色变态叶，末端扭曲呈螺旋状。

狸藻科的另外两个属——捕虫堇属（*Pinguicula*）和狸藻属（*Utricularia*），都是大名鼎鼎的肉食植物。达尔文就曾猜测，作为它们的亲戚，螺旋狸藻也应该具有肉食性，但在之后一个多世纪的时间中，人们却一直没有办法证明它的肉食性。螺旋狸藻看上去清清爽爽的，叶片不具有黏性，也从未在它身上发现什么昆虫残骸，看上去一点也没有肉食植物的特征，让人对它是否具有肉食性产生了深深的怀疑。

螺旋狸藻（*Genlisea subglabra*）的地上叶，跟普通植物并无两样，不像它的亲戚捕虫堇那样粘满昆虫，也不像狸藻那样演化出了吸入陷阱，因此人们很长时间找不到其肉食行为的任何证据。（图自 Rosta Kracik）

人们后来才发现，螺旋狸藻的捕虫装置 ▶ 并非其他肉食植物所采用的显眼的地上变态的叶片，它生长在地下的变态叶才是内有乾坤的。螺旋狸藻的白色地下根状叶柔韧而细长，在其中部有膨大的囊状结构，叶的顶端呈 V 字形分叉，分叉两端螺旋状延伸出去，互相呈 90~130 度夹角。这样不同寻常的结构，显示出它一定也有着不同寻常的功能。人们猜想这应该是它的捕虫装置，但人们从未从其中分离出任何昆虫残骸，对其捕虫装置的原理也一头雾水，直到 20 世纪 70 年代，研究者还觉得螺旋狸藻的根状叶模拟了动物的肠道系统， 通过不断抽吸土壤中的水分，滤食其中的原生生物，根状叶中部的囊泡则充当了排泄处的功能，积累消化完毕的食物残渣。

直到 1998 年，一份发表在《自然》杂志上基于对螺旋狸藻根状叶的电镜超微结构的解剖，才终于揭示出了它的捕虫原理。原来螺旋狸藻 V 字螺旋状的分叉表面布满了小孔，原生动物和土壤无脊椎动物从这些小孔进入根状叶内部。内部的空腔布满了倒毛，使得进入其中的动物只能沿根向上移动，一条路走到黑，而无法走回头路。动物被迫移动到中部的囊泡处，然后被其中腺体分泌的消化酶消化。

这是人们首次发现捕食原生生物的植物。其捕食对象体积之微小，其捕食结构之精巧隐秘，都让人们意识到，很多植物可能都悄无声息地在我们肉眼可观察到的范围之外进行着肉食行为，这是我们以前所忽视的。

而在 2012 年，一种崭新的肉食植物的发现再次引起了植物学界的轰

螺旋狸藻（*Genlisea*）的捕虫装置示意图。左上示其跟狸藻相似的花朵。左下可见其地下根状叶的 V 形分叉的前端有很多微型开口，可以供土壤微生物进入。右下可见其根状叶空腔内的倒毛，迫使微生物只能向根状叶内部移动，而不能后退，最终在右上所示的根状叶中部膨大部分被消化。（小铖绘）

动。这次的主角是产于巴西的菲尔科西亚属（*Philcoxia*）。该属原属于玄参科，现在随玄参科很多属一起被重新放置到车前科，一共有四种植物，全部产于巴西中部。该属建立于 2000 年，植株长得非常清奇，高度不超过 30 厘米，生长于白色沙砾中，叶片非常细小（直径 0.5～1.5 毫米），而且位于沙砾之中。植株的外观让人很难相信它可以独立完成营养供给，

菲尔科西亚属的植株（*Philcoxia minensis*）和花的放大图（*Philcoxia bahiensis*）。该属植物只分布在巴西中部的沙砾地中。地上的花茎纤弱细长，在沙砾之下有具有黏性的微小叶片，可以捕捉和消化地下的线虫。（小铖绘）

其生境贫瘠，在它生长的地方附近也能找到另一种肉食植物螺旋狸藻，更让人怀疑它可能具有肉食性。该种植物还有一些肉食植物的特点，如缺乏菌根和非常退化的根系系统、具腺体的地上叶和没有叶片具花梗的花序。但最有意思的结构还是它细小的位于沙砾之下的叶片。叶片上的腺体产生黏性物质，将沙砾紧紧地粘在叶片表面。

2012年，通过对其地下叶片显微结构的观察和对线虫进行同位素标记，终于证实了它的肉食性。原来它是利用叶片粘住地下的线虫并进行消化获取能量的肉食植物。

至此肉食植物家族又添了新的一员。研究者们开始把目光转移到像螺旋狸藻和菲尔科西亚属之类的靠捕食微小生物而长期被人忽视的肉食行为上来。

我相信在未来，我们还能发现更多的肉食植物，目前我也在潜在的植物类群中积极寻找可能的新肉食植物。在我研究的植物类群中，有一些出现了不同寻常的叶绿体基因丢失。这一基因丢失一般只出现在异养植物和水生植物里面，但这些类群都是很普通的植物，让人无法对它们丢失叶绿体基因做出合理的解释。但据观察，这些植物身上有着黏性的腺毛，这就不得不让我们怀疑它们是肉食植物的可能性了。但怀疑只是第一步，接下来我还需要做更进一步的野外采样和观察，以及实验室检测，才能确定它们到底是否为肉食植物。

想要成为一名新肉食植物猎人，我们最需要的还是敏锐仔细的观察力。首先要观察植物是否生长在营养非常贫瘠的地区，如沙地、沼泽和密林下层。一种肉食植物往往也会跟其他肉食植物结伴而生，这也为肉食植物猎人提供了重要的指示。然后要观察植物的结构特征，是否具有明显的捕虫装置，是否具有分泌黏液的腺毛，是否在植株上有着大量的昆虫残骸。但如同上面提到的两种植物，即便是没有明显的昆虫残骸，植物仍然可能是靠捕食原生生物和线虫等微小生物为生的。所以接下来，我们就要把植株带入实验室中，进行仔细的形态解剖和纤维观察，以期找到其捕食微小生物的证据。

如果我们在上述检查中找到了该植物肉食性的积极证据，它仍然可能只是捕杀动物但依靠微生物消化的原肉食植物。为了证明其具有真正的肉食性，我们还需要依靠食物化学的检测手段检测其是否分泌消化酶。而为了证明其确实从肉食行为中获得了大量的营养，我们还需要对它的猎物进行同位素标记，跟踪同位素从猎物到植株的转移。

各位雄心勃勃的肉食植物猎人，新的肉食植物也许就在你们的后院哦！

看到荧光显微镜下腺体发出的绿色荧光，我不禁激动万分，仿佛看到了一种新的肉食植物的诞生。

第十章

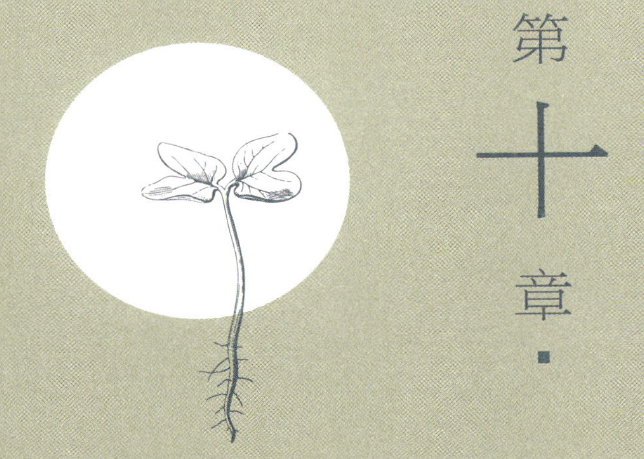

肉食植物新成员——腺菖蒲

在前面一章中，我提到了几种新发现的肉食植物，也给出了如何成为一名肉食植物猎人，发现新肉食植物的一些建议。而我自己作为一名研究人员，也站在了发现新肉食植物阵线的最前沿。在这里，我就给大家介绍一下我目前的课题，让大家也亲历一次科研的最前线。这一课题还在进行中，只有很少的人知道详情，可以说是来自最前方，最热气腾腾的新资讯。

腺菖蒲(*Triantha*)是泽泻目(Alismatales)岩菖蒲科(Tofieldiaceae)植物。岩菖蒲科是单子叶植物中的一个小科，目前只有四属 28 种植物。而我们已知的绝大多数肉食植物都属于双子叶植物，在单子叶植物中仅有四个物种被报道是肉食植物，且都在演化程度非常高的禾本目。其中三种在凤梨科，两种布洛凤梨属植物（*Brocchinia*），一种嘉宝凤梨属植物（*Catopsis berteroniana*）。另外一种是谷精草科的食虫谷精草（*Paepalanthus bromelioides*）。且这四种植物都是肉食性非常原始的原肉食植物，自己不能分泌消化酶，靠叶基部膨大部分储水形成捕虫笼。靠近基部的叶内表面非常光滑，来访的昆虫失足掉入储水池后就会溺毙，然后靠水池中的微生物来分解昆虫尸体，植物从中吸收营养。

那么问题来了。我们为什么要在肉食植物如此稀少，且还从来没有发现过真肉食植物的单子叶植物中寻找新的肉食植物呢？这里的故事就更加曲折了。格里格是跟我同年入学拜在同一导师门下的另外一名研究生。他的课题是整个泽泻目的基因组学系统演化。这是一个全球性合作的大课题，全球的研究者采集了整个泽泻目数百种植物，进行时下流行的全基因组测序，并用整个叶绿体基因组来构建系统树，希望能够解决泽泻目的系统演化问题。

泽泻目的一个重要特点是其下拥有很多水生植物，尤其是几种海产植物，这几种海草也是被子植物中唯一的海产沉水类群。以前的研究曾报道过，这些海草出现了叶绿体基因丢失的情况。而格里格研究的一个重要目的，就是进一步验证这些叶绿体基因在不同海草中的丢失情况，和这一丢失到底是怎样演化而来的。基因组系统学的结果，也跟预期相符。在大部分海草中都出现了叶绿体基因的丢失，但为何丢失仍然原因不明，可能跟海水环境中的氮素缺乏有关。

但出人意料的是，在岩菖蒲科的腺菖蒲属中，也出现了这样的叶绿体基因丢失。腺菖蒲又不是海草，为何会这样呢？彼时格里格硕士正好毕业了，课题暂时告一段落，也就没有人再继续追问了。

而当我看到这一出人意料的结果的时候，按捺不住好奇心，不禁仔细琢磨起来。目前报道的有叶绿体基因丢失的类群，包括海草、异养植物、旱生植物和肉食植物这几大类。腺菖蒲是生长于沼泽溪流边的绿色植物，显然不属于前三者，那么它是否可能是肉食植物呢？查阅《植物志》发现，腺菖蒲本来隶属于岩菖蒲属（*Tofieldia*），由于其花茎上密布黏性腺毛而从后者中分离出来。这样的腺体，正让我想到了类似于茅膏菜和捕虫树的粘虫陷阱。再查阅它的生境，沼泽是营养贫瘠的环境，也是典型的肉食植物生长的地方。腺菖蒲恰恰又跟捕虫堇和茅膏菜这些肉食植物伴生。这些条件都正好符合我在上一章所提到的寻找新肉食植物的线索。那么它真的就极有可能是肉食植物了。所以我就主动请缨，将这个课题揽了下来，决定深入研究一番，一探究竟。

腺菖蒲属一共四种植物，其中三种分布在北美。**粘腺菖蒲（*T. glutinosa*）** ▶分布于北美洲北部，**西部腺菖蒲（*T. occidentalis*）** ▼分布于北美洲从加利福尼亚州到阿拉斯加西海岸，海岸腺菖蒲（*T. racemosa*）分布于美国得克萨斯到弗吉尼亚州的西南部海岸。该属另一种日本腺菖蒲（*T. japonica*）则间断分布在日本本州岛。

我曾专门去学校附近的山脉实地考察了这种植物。时值八月果期，它们茂密地生长在山上的沼泽中，叶于基部丛生，花茎则高高竖起，20~30 厘米高。附近还有大片的茅膏菜和捕虫堇。它们的花茎摸上去黏性十足，能够看到上面的腺毛。仔细观察，能够看到上面粘着很多小型昆虫，种类多样，甲虫、石蝇、蜂类都有。

粘腺菖蒲的花茎，可以看到其花茎上有黏性的腺体。（图自 Mason Brock）

观察下来倒是很有肉食植物的样子，但要彻底验证，还需要做一系列更严谨的实验。前面提到，判断真肉食植物的一个标准是其能否自己分泌消化酶。为了验证这一点，我用到了有荧光标记的磷酸酶底物，一旦有磷酸酶分解了该底物，荧光信号就会被触发，我们就能在荧光显微镜下看到荧光。而我最后也拿到了想要的结果。看到荧光显微镜下腺体发出的绿

西部腺菖蒲。a、b 两图可以看到其黏性花茎上黏附住的昆虫。c 图为其纤毛的超显微结构，d 图可以看到磷酸酶底物在有磷酸酶存在的腺毛上被分解，而在荧光显微镜下发出绿色荧光。（图自林十之）

色荧光，我不禁激动万分，仿佛看到了一种新的肉食植物的诞生。

要验证其肉食性的另一步，就是要证明它的确从其捕获的昆虫中获得了营养，而这就需要用到同位素含量测定实验。氮素是肉食植物想要从动物体内获得的首要营养物质，所以同位素含量测定所关注的也是氮素。氮在自然界存在两种稳定同位素。含有 7 个中子的氮 14 是最常见的氮同位素，占所有自然氮素的 99.6%。另一自然稳定同位素氮 15 含有 8 个中子，占所有自然氮素含量的 0.4%。由于动物体内会富集氮 15，所以动物的氮 15 含量会显著高于植物的氮 15 含量。而肉食植物的氮素大部分来源于动物，所以肉食植物的氮 15 含量也应该高于正常植物。所以，我们可以通过测量和比较同一环境下非肉食植物、肉食植物和所捕食昆虫体内的氮 15 含量，来验证其是否从昆虫中吸收了氮素，并定量其吸收了多少。而正好同一区域还生长有捕虫堇和茅膏菜，我们还可以通过测定这三种植物的氮 15 含量，比较它们吸收性的强弱，从而比较它们肉食性的强弱。我将会在未来开展这一实验，至于具体结果，让我们拭目以待吧。

我们是因为其叶绿体基因丢失而关注到腺菖蒲的肉食性的，我们自然也很关注整个腺菖蒲属的基因丢失情况。所以我又从全北美的标本馆和日本合作者那里要到了几百份标本，从标本上选取了近 80 个居群，一一检测它们可能丢失的叶绿体基因。结果发现，叶绿体基因仅在粘腺菖蒲和西部腺菖蒲中有丢失的情况。特别是在西部腺菖蒲中，出现了大面积的叶绿体基因丢失。而且更有意思的是，分布在最南端加利福尼亚州的西部腺菖蒲并没有叶绿体基因丢失，越向北走，叶绿体基因丢失的情况就越严重。为什么会丢失叶绿体基因？叶绿体基因的丢失跟肉食性有什么关联呢？我们还不得而知，需要进一步的实验来验证。我们发现，丢失的都是跟调节光合作用光反应强度相关的非必需基因，这些基因即便是从植物基因组敲出，在良好稳定的环境下，植物仍然能正常生长。所以一种猜测是，可能肉食植物长期生活在氮素缺乏的环境下，生存不易。为了节约制造蛋白质的氮素和能源，或许它们选择舍弃这些非必需的基因，将珍贵的营养物质集中在繁衍之上。

而另一个有意思的发现，则是日本腺菖蒲实际上是西部腺菖蒲的一个类群，并跟加拿大西部夏洛特皇后群岛的居群关系很近。为什么会有相距如此遥远的分布呢？也许是第四季冰川来临前，西部腺菖蒲曾广泛分布于北半球。冰川来临后其他地区的腺菖蒲都被冻死了，日本和夏洛特皇后群岛气候温暖，成了天然的庇护所，使得这两个地区的西部腺菖蒲幸免于难，躲过了冰川期。

我们可以看到，发现腺菖蒲的肉食性实际上是从分子基因的层面出发回到形态和生态生物学的一个例子。当代生物学研究突飞猛进，越来越深入到分子层面，但这并不代表我们就跟宏观的形态和生态生物学脱节了。分子生物学研究中得到的一些不可思议的结果，可以促使我们去思考其背后的原因，并回到形态和生态的层面进行仔细检讨，发现一些以前容易被人忽视掉的东西。所以，不要觉得研究中得到奇怪的结果是一件坏事，这或许就是你做出重大发现的导火线呢！一定不要让它白白溜走了，以后追悔莫及。

这些生活在剃刀边缘的肉食植物共栖者，
向我们展示了生命现象的复杂和多彩。

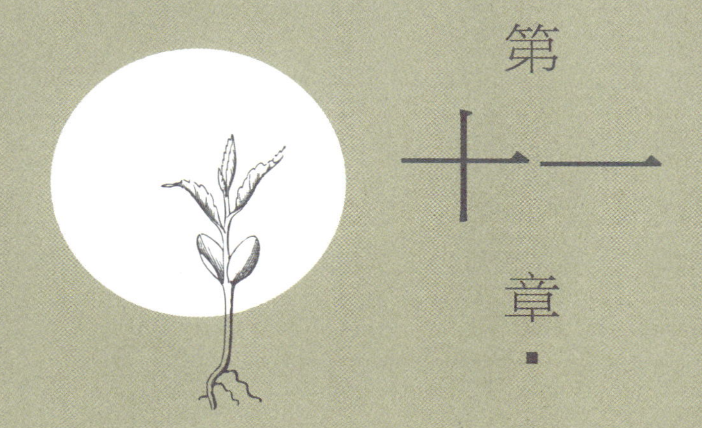

第十一章

剃刀边缘——肉食植物的共栖者

肉食植物对小动物来说往往都是致命的陷阱。但实际上，在与肉食植物的关系中，动物不总是充当食物的角色。譬如，肉食植物也需要昆虫为其传粉，并且需要尽量保证传粉者不会被自己一不小心吃掉。而另外一些动物，则在长期演化过程中，学会了如何与肉食植物一起生活并不让自己被吃掉。它们被称为肉食植物的共栖者。

早在1754年，凯茨比的《卡罗莱纳、佛罗里达州与巴哈马群岛博物志》中就提到，有些动物会将瓶子草的捕虫笼当作躲避其他捕食者的庇护所。雷利在1873年也观察到一种苍蝇和一种蛾子瓶子草的共栖关系，并将这种苍蝇称作“能勇敢面对瓶子草的危险的昆虫”。在这种共栖关系中，共栖者生活在宿主上，以宿主的过剩营养物质为生。但和寄生不同，共栖者并不会对宿主造成伤害。

猪笼草有着种类繁多的共栖者，猪笼草的捕虫笼为很多动物和微生物提供了栖息地。一些肉食性退化的种类，如苹果猪笼草和消化能力退化的老化猪笼草捕虫笼，都成了小动物和微生物理想的栖息地。人们在猪笼草捕虫笼的液体中发现了近 150 种共栖动物。它们有的以掉落捕虫笼中的其他动物为食，有的则直接捕食其他的共栖者。此外还有很多细菌、真菌和单细胞生物生活在捕虫笼中。共栖者中数量最多的是蚊子和蝇类的幼虫。它们生活在老化的捕虫笼中，其中的消化液已经只有微弱的酸性和消化作用，不足以对它们造成伤害。这些老化的捕虫笼也往往成为蛙类、蝌蚪和小蟹的栖息地。一些昆虫在其生命周期中甚至必须依赖猪笼草才能生存，如得名于马来王猪笼草的王侯库蚊（*Culex rajah*）和王侯巨蚊（*Toxorhynchites rajah*）。

马来王猪笼草捕虫笼内液体中生长的蚊子幼虫

除了水生捕食者，蟹蛛是另外一种为人所熟知的肉食植物共栖者。猪笼草花蛛（*Misumenops nepenthicola*）生活在小猪笼草（*Nepenthes gracilis*）、裸瓶猪笼草（*N. gymnamphora*）、莱佛士猪笼草的捕虫笼边缘。这种蟹蛛可以直接抓捕来到捕虫笼附近的昆虫，或是捞取不慎掉入消化液中的昆虫。猪笼草花蛛可以用一根丝线固定自己降入捕虫笼内，甚至可以下潜入消化液中捞取溺于其中的昆虫。一种摇蚊（*Metriocnemus edwardsi*）幼虫甚至可以在眼镜蛇草的捕虫笼开口下方织网，捕获掉入其中的昆虫。

东南亚的二齿猪笼草（*N. bicalcarata*）、▶小猪笼草和莱佛士猪笼草也常常成为蚂蚁的栖息地。二齿猪笼草甚至还和小型的弓背蚁（*Camponotus*）▶演化出了一种特殊的共栖关系。这种猪笼草捕虫笼的叶柄处有空洞，可以容纳约二十只弓背蚁生活，并在其中产卵孵化。跟其他蚂蚁一样，弓背蚁会被捕虫笼笼盖边缘两个大型的蜜汁分泌体吸引。其他的蚂蚁往往都会失足掉入消化液中，弓背蚁则能安全地在捕虫笼上行走。为何这些猪笼草要吸引弓背蚁来共栖？我们还了解得并不清楚。人们猜测这些蚂蚁可以帮助猪笼草清除捕虫笼中多余的猎物。一方面弓背蚁获得了食物，另一方面猪笼草也不会因为食物过剩引起的霉变而腐烂，而且猪笼草还可以从弓背蚁的排泄物中获得养料。另有研究者认为，弓背蚁实际上是起到了猪笼草保镖的作用，可以防止猪笼草受到蚜虫一类的害虫的侵害。

和蟹蛛跟猪笼草的关系相仿，螳螂跟瓶子草之间也演化出了类似的共栖关系。某些螳螂可以模仿瓶子草捕虫笼边缘的颜色，在开口处守株待兔，

二齿猪笼草和弓背蚁的共栖关系。这些蚂蚁可以帮助猪笼草清除捕虫笼中多余的猎物，而且猪笼草还可以从弓背蚁的排泄物中获得养料。此外，二齿猪笼草的捕虫笼中还共栖着其他蚊子幼虫。（Scharmann et al., 2013）

捕获被吸引而来的昆虫。蚊子和蝇类的幼虫也会生活在瓶子草中。一些夜蛾和黄蜂会利用瓶子草的捕虫笼产卵，孵化出的幼虫则以掉入瓶中的昆虫为食。

利用粘虫陷阱的肉食植物则往往跟一些蝽类共栖。比如前面提到的捕虫树。捕虫树本身不分泌消化酶，粘住猎物以后，需要共栖于其上的两种刺蝽帮自己消化猎物，并从刺蝽的排泄物中获得营养。但刺蝽在帮助捕虫树的同时，也吸食捕虫树本身的汁液。猎物不够的时候甚至还会对捕虫树的生长造成危害。这时候共栖于捕虫树上的另一种动物——花叶蛛就起作用了。它会捕食刺蝽，从而控制刺蝽的种群数量不至于过大而危害到捕虫树。这三者从而构成了一种微妙的平衡关系。

另一种产于大洋洲的粘虫肉食植物腺毛草，则跟另一种蠓（*Setoceris bybliphilus*）共栖。和捕虫树上的刺蝽相似，这种蝽以被腺毛草粘住的昆虫为食。它们可以在腺毛草的表面自由活动而不会被黏液粘住。同属的另外两种蝽（*S. droserae*，*S. russelli*）也会跟茅膏菜形成类似的共栖关系。

这些生活在剃刀边缘的肉食植物共栖者，向我们展示了生命现象的复杂和多彩。捕食者和被捕食者总是在不断转换中。肉食植物反客为主，演化出各种捕食器官来将动物纳入腹中，将了动物一军。然而动物也不会束手就擒，转而演化出了能够与其共存而不会被吃掉的各种生存策略，还能乘机从肉食植物身上揩油，偷偷为自己捞点好处。

养殖肉食植物的基本要点是，我们要尽量将养殖环境弄得跟植物的原生生境相似。

第十二章

奇特而迷人——养殖肉食植物

肉食植物由于其奇特而迷人的生活方式，从 18 世纪以来就一直吸引着人们的好奇心。无辜的植物扮演着杀手的角色，这一冲突的设定，让人们不再满足于坐着欣赏自己后院一动不动的杜鹃花。孩子们为捕蝇草一张一合的捕虫夹癫狂，这都使得人们开始想将这种神奇的植物占为己有，摆在自家桌子上或后院中，在满足自己好奇心的同时，也能吸引到访客的连连赞叹之声。

而在当代，肉食植物早已不是少数专业植物爱好者的私藏。猪笼草、瓶子草、茅膏菜、捕虫堇和捕蝇草，早已成为花店里的常客。我们甚至还能在网店上网购到这些植物，足不出户就能拥有它们。但很多植物种植新手出于好奇，将它们抱回家，却往往以悲剧收场，不到几周这些肉食植物就奄奄一息了，从此新手们便对肉食植物望而却步。其实只要注意到一些窍门，很多肉食植物并不难养。读者朋友们在前面几章中读到了那么多关于神奇的肉食植物的故事，也肯定摩拳擦掌，跃跃欲试地想要自己操练操练了。这里我就给大家介绍一些养肉食植物的基本要点和小窍门。

养殖肉食植物的基本要点是，我们要尽量将养殖环境弄得跟植物的原生生境相似。所以在种植肉食植物时，我们首先要做的是调查其原生生境的条件。但这并不代表我们就非要照搬其原生生境的一切，很多时候我们并没有条件这样做。所以，我们只需要注意影响植物生长最关键的五个因素——温度、光线、空气湿度、土壤和水分。举个例子，如果一种肉食植物来自中欧温带的喜雨沼泽，那么我们在养殖的时候，并不是非要自己造一片沼泽出来，而是需要模拟沼泽的生态环境，注意控制温度，冬冷夏温，光照充足，高空气湿度，低营养多水，酸性的种植介质（泥炭），以及时刻保持植株湿润。

根据肉食植物的生境的温度条件，我们可以将它们分为五类：温带、地中海和亚热带、热带低地、热带高地。温带肉食植物需要温暖的夏季温度和寒冷的冬季温度，在夏季最好有显著的昼夜温差。在冬季植株则会进入休眠期，对种植在户外的植株，需要注意用遮盖物进行抗霜冻保护。地中海和亚热带肉食植物则最好种植在温室中，它们同样需要温暖的夏季和寒冷的冬季，夏季夜间则需要低温环境，冬季温度一般控制在8~15摄氏度。热带低地肉食植物需要全年温暖的环境，应该种植在20~30摄氏度的温室中，夜间可以适当降温，但不要过于猛烈。热带高地肉食植物则需要全年昼温夜冷的环境，白天温度不能太高，夜间也需要降温，最好有能够形成露水的温差。

大部分肉食植物都喜欢充足的直射阳光，即便是生活在热带密林里的肉食植物，也可以承受正午阳光的直射。而且最好不要将肉食植物种植在过暗的环境中，因为热带的背阴处相比温带仍然能接收到更多的光线。但对于空气湿度较低的地区，种植时需要注意在正午阳光直射时进行遮阴保护。对于阳光不充足需要利用人造光源的地方，需要注意让光源尽量靠近植株，以使它们能够获得尽量多的光照，但也需要注意防止光源过热对植株造成烧灼。

很多肉食植物偏爱高空气湿度，50%~70% 之间是比较理想的。长期低于 40% 的空气湿度会对大部分肉食植物的叶片造成伤害，所以种植在室内的肉食植物需要避免放置在加热器附近。可以在花盆下放置充满水的浅盘来保证其湿度，也可以通过一些遮蔽措施来维持空气湿度。

由于富含营养物质和矿物质，一般的园艺用土都不适合来种植肉食植物，所以需要在花店购买肉食植物的专用种植介质。专业的肉食植物养殖者会自己配制介质，通过调整配方来更好地适应不同肉食植物的要求。沙土最好选择石英沙，因为其营养物质含量很低，且呈酸性。石灰沙由于富含矿物质并呈碱性，并不适宜种植肉食植物。颗粒越细的沙土吸水性越强，所以一般用粗糙大颗粒的沙土来对土壤进行疏松通气。在使用沙土前还需要注意彻底清洗以去除可能残留的矿物质。

由于呈酸性，树皮，尤其是针叶树的树皮，在种植附生类肉食植物时经常被用到。和沙土一样，颗粒越大的树皮屑吸水性越弱，可以用于土壤疏松通气。椰子纤维、聚苯乙烯颗粒、珍珠岩、蛭石和岩棉也能起到类似的作用，岩棉被广泛用于附生兰类和附生猪笼草类的种植。木炭由于具有吸附有害化合物的功能，也被用于肉食植物的种植。

泥炭藓则是一类活介质。它们生长在湿润贫瘠的地区，并释放腐殖酸使得周围环境呈酸性。由于它们生长时会形成大量分枝，也使其具有良好的通气作用。泥炭藓可以被用于种植太阳瓶子草和高地猪笼草。但需要注意，它们对高温非常不耐受，并且无法承受任何肥料和矿物质。因此，泥炭藓也能作为我们种植时检测土壤有害化合物的指示物。如果没有泥炭藓，由于类似的低营养和酸性特征，泥炭也是一种广泛采用的肉食植物种植介质。泥炭和泥炭藓虽好，但从沼泽大量挖掘泥炭藓和泥炭会对自然环境造成破坏，所以需要谨慎采用这类介质。

采用泥炭藓进行种植的腺毛草幼苗。（图自橙子夏 2013）

用于灌溉肉食植物的水需要避免含有过多的矿物质，有条件收集雨水灌溉是最理想的，但需要注意，收集的容器不应产生有害可溶物质。自来水由于含有大量矿物质和氯，不适合用来灌溉肉食植物，但可以通过煮沸来降低矿物质和氯的含量。如果雨水不够用，最好能有产生蒸馏水或者去离子水的装置，或是直接从超市购买纯净水或去离子水。浇灌时尽量不要让水直接接触植株，可以将水灌在花盆下的浅盘中，靠毛细作用对土壤和植株进行供水。

由于肉食植物从其捕获的动物体内获得氮素，所以不需要进行施肥。

最后介绍一些适合种植新手的肉食植物和种植它们的小窍门：

捕蝇草：室内种植。在夏天捕蝇草可以在户外或室内种植，冬季气温最好在 10 摄氏度左右。捕蝇草需要摆放在光照非常充足的地方，夏季需在花盆下围水。在下次浇水前，需让水盆里的水彻底干掉。在冬季需保持植株湿润，但不要让它们一直在水中生长。一些叶片会在过冬休眠时枯萎，不用过度担心。

圆叶茅膏菜：室外种植。需种植在阳光充足的地方，但新买的植株需要渐渐适应强光环境。圆叶茅膏菜最适合种植在人工沼泽中。这种人工沼泽可以用充满酸性泥炭的大塑料管，埋在花园里建成。

杂交猪笼草：室内种植。全年温度需控制在 20~25 摄氏度之间，保持阳光充足，但只在早上让其直接暴露在直射阳光下。盆下围水灌溉。

紫花捕虫堇：室外种植。需要种植在北朝向较冷的区域。需要充足的阳光，但避免烧灼。需用喷雾器经常保持植株湿润。

紫瓶子草：室外种植。冬季需用落叶覆盖以防止冻害。需要充足的阳光并始终保持湿润。

当这些植物尝到了从其他植物那里吃白食的甜头后，它们就渐渐背叛了光合作用，走上了依赖异养的不归路。

第十三章

光合作用的背叛者——寄生植物

在大家的印象中，植物都是绿油油的，靠光合作用过着自给自足的生活。但有一些植物，却在漫长的演化过程中，开始对其他植物打起了算盘。它们偷偷地潜入其他植物的根系、茎干中，靠窃取宿主的营养来为自己的生长提供便利。当这些植物尝到了从其他植物那里吃白食的甜头后，它们就渐渐背叛了光合作用，走上了依赖异养的不归路。世界上大约有 4500 种寄生植物，约占开花植物总数的 1%，分布于 280 个属，20 个科。包括还能进行光合作用的半寄生植物，如槲寄生，和彻底抛弃光合作用，完全依赖寄生获得营养的全寄生植物，如大花草。而按照其寄生部位不同，我们还可以将寄生植物分为根寄生植物和茎寄生植物两大类。前者如肉苁蓉，后者如菟丝子（*Cuscuta*）。半寄生植物占所有寄生植物数量的九成，根寄生植物则占总数的六成。有意思的是，单子叶植物中不存在寄生植物。

需要注意的是，一些看上去像是在进行寄生生活的植物，实际上并不是真的寄生植物。比如一些生长在其他植物枝条上的附生植物，如苔藓和地衣。一些蕨类和某些高等植物，如兰花和凤梨，也存在这样的附生现象。但这些植物同样可以在电线杆和石墙上生长。它们跟所附生的植物并没有直接的组织联系，也不从这些植物身上获取营养，只是将这些植物作为自己的栖息地而已。而还有一类会对其他植物造成严重伤害的植物，如生长于印度尼西亚热带雨林中的垂叶榕（*Ficus benjamina*）等绞杀植物，会攀附到其他树木之上，向上攀缘到达树冠层以获得充足的阳光。在这一过程中，绞杀植物过紧的束缚会影响到其攀附树木的生长和水分、营养运输，有时这些树木就会因为得不到足够的阳光和水分而死亡。但这些植物由于不直接从其攀附对象身上获得营养，我们也不将其算作寄生植物。此外，还有一类完全失去光合作用能力的植物——菌异养植物，是寄生于真菌之上的，现在也不算作寄生植物。我们一般只将寄生于其他植物上，并从其体内获得营养的植物称作寄生植物。

由于很多寄生植物只在地下靠根系跟它们的宿主相联系，而且它们自身也进行光合作用，从地上部分来看，它们与其他绿色植物并没有什么区别，所以我们平时并不会意识到这些植物是寄生植物。兼性寄生植物在能从宿主身上获得水分和营养物质的时候会生长得更好，但短时间或更长时间没有宿主时也能存活，这类植物都属于根寄生半寄生植物。而专性寄生植物则一定需要宿主才能存活。

寄生植物靠吸器（haustorium）跟宿主相联系，到达宿主的维管组织，从中吸收水分和营养物质。但吸器的形状千差万别，一般由两部分组成：一部分起到吸附和固定于宿主身上的作用，另一部分则起到穿刺入宿主组织的作用。前者一般出现在茎寄生植物上。 按来源来看，我们可以将吸器分为初生吸器和次生吸器两类。前者直接由初生根尖发育而来，大部分寄生植物只有此类吸器。而另有一些寄生植物如菟丝子▼和寄生藤，会有从其他组织发育而来的次生吸器。次生吸器与初生吸器相比要小一些。但也有吸器分化不显著的寄生植物，如大花草。它们的初生吸器只在种子萌发后一小段时间内出现。当穿透宿主组织后，初生吸器的吸附支撑结构就会退化凋萎。它们的组织完全埋藏于宿主体内，在宿主表面将完全看不到寄生植物的痕迹，直到开花时它们才钻出宿主表面。

巴基斯坦地区挂满了整棵树的菟丝子。
（图自 Khalid Mahmood）

最初的寄生植物的产生可能是来自植物地下根系的互相接触，所以寄生植物的初级形态应该是半寄生的根寄生植物，而大部分茎寄生植物又是从根寄生植物演化而来的。在檀香目中，檀香科和桑寄生科既包括根寄生植物，也包括茎寄生植物，有些种类甚至同时兼具根寄生和茎寄生。一种桑寄生植物（*Tripodanthus acutifolius*）会在宿主枝条上萌发，其根系会沿树干向下生长，在树干上形成次生吸器，最终在到达地面后形成大型的地下根系，并跟宿主的根系形成吸器。

我们可以猜测到，寄生植物是逐渐抛弃光合作用的，而这一点也在很多关于寄生植物的叶绿体基因组学研究中得到了证实。由于逐渐不再依赖光合作用，寄生植物的叶绿体基因组在不断退化。而就退化的程度而言，完全寄生植物也是显著高于半寄生植物的。首先丢失的基因是最不重要的跟抗逆生存相关的一些基因——如 ndh 基因，然后丢失的是跟光合作用组件蛋白合成相关的各个基因，最后才是与维持叶绿体基本功能相关的 ATP 合成和核糖体合成基因。寄生植物的叶绿体基因组不断退化，最终在大花草中，我们就完全找不到叶绿体基因的痕迹了。

寄生植物的另一大特点，是它们的基因组中有着大量的基因水平转移，即它们从其他植物那里，尤其是它们的宿主那里，盗取了大量的基因。而这些基因很多还是可以正常表达的。偷取宿主基因进行表达使得寄生植物可以在分子层面模拟宿主，从而降低宿主的防御反应。

寄生植物，特别是完全寄生植物，往往有着跟绿色植物差异巨大的形态特征。某些寄生植物如菌花、帽蕊草、蛇菰，看上去完全不像是植物，而更像是真菌一类的生物。寄生植物往往缺乏叶片和枝条，这使得我们很难有足够的形态特征将它们跟其他绿色植物联系起来。而它们仅有的花的形态特征又跟其他已知植物相去甚远，这就导致了很多寄生植物长期在植物分类上地位的不确定性。早期分类往往一股脑儿将它们都扫到一堆去，如经典的克朗奎斯特分类法中大花草科就包括了离花（*Pilostyles hamiltonii*）、簇花草（*Cytinus ruber*）、大花草（*Rafflesia arnoldii*）、帽蕊草（*Mitrastemon yamamotoi*）等一系列难以归类的寄生植物。直到近代得益于分子系统学的进步，研究者开始采用不用依赖于形态特征的 DNA 分子标记来对这些千奇百怪的寄生植物追根溯源，才终于揭开了它们的身世，使得它们终于跟失散多年的亲戚相认。如前面提到的大花草科中的寄生植物，现代研究就发现它们根本不属于同一个科，甚至都不属于同一个目，互相之间相去甚远，毫无联系。大花草科被放在金虎尾目（Malpighiales），离花科被放在葫芦目，簇花草科被放在锦葵目，帽蕊草科被放在杜鹃花目。

最早关于寄生植物的记载来自生活于公元前 371—公元前 288 年的古希腊学者狄奥弗拉斯图（Theophrastos），他在柏拉图学院里学习，是亚里士多德的学生和继承者，并撰写了很多关于植物形态学和系统学的书籍。他提到了巴比伦附近的灌木，被一种没有叶子的缠绕藤本所覆盖。这种植物应该就是菟丝子。在 19 世纪之前，西方植物学著作很少提到寄生植物。但由于寄生植物对农作物的显著危害，民众对寄生植物并不陌生。最早全面研究寄生植物的著作由加拿大维多利亚大学教授乔布・库伊特

（Job Kuijt）于 1969 年写成，他的《寄生有花植物生物学》也成了寄生植物研究里程碑式的开创性经典著作。

四种以前都被放在大花草科的寄生植物，左上为离花（ 图自 Kevin Thiele），左下为大花草（图自 ma_suska）， 右上为帽蕊草（ 图自 Eigenes Wek）， 右下为簇花草（图自 Mirko Piras）。最近的分子系统学研究将它们都分到了不同的目中。

菌花的整个生活史都充满了恶感，不愧为“地狱来的植物”，但演化植物学家们却对它充满了好奇。

第十四章

地狱来的植物——菌花

如果菌花说它不是世界上最丑陋的植物，恐怕没有植物敢去争第一。第一次看到菌花的人根本不会将它与植物联系在一起，往往误以为它是某种真菌。它没有叶片，用地下粗壮的类似于根状茎的主根从寄主身上吸收营养。地上部分只有一坨肉质的花，好像某些蘑菇的子实体。而这花看上去也跟人们心目中的美好形象大相径庭，肉质肥厚，表面疙疙瘩瘩，颜色暗红，上部开裂，还散发着恶臭，完全是集各种恶心元素于一身，简直像是奥特曼里面的小怪兽。有人说它是地狱来的植物，一点也不为过。

菌花科（Hydnoraceae）一共两属约 10 种。一属（*Prosopanche*）生长在中南美洲，共 4 种；另一属（*Hydnora*）生长在非洲、阿拉伯半岛和马达加斯加的沙漠地区，以南非为分布中心，共 6 种。这一非洲和南美洲的间断分布，是由冈瓦纳大陆分离成美洲大陆和非洲大陆造成的。由于菌花长相奇特，很难将它跟任何已知植物联系在一起，它在植物界的系统分类位置一直不清楚，克朗奎斯特系统将它跟很多其他的寄生植物一股脑儿都归到大花草目中。直到 2002 年才采用分子数据将其归入胡椒目，在最近出

▶ 美洲菌花（*Prosopanche Americana*），其质地和外观跟真菌相仿，让人很难联想到植物

版的《被子植物种系发生学组系统 IV》（*Angiosperm Phylogeny Group, APG IV*）中，菌花被归并入马兜铃科（Aristolochiaceae）。其实某些马兜铃也会长出非常吓人的花朵来，菌花现在跟它认亲戚，也不算是硌硬了它。

菌花是唯一完全没有叶片结构的被子植物（连退化的鳞片状叶都没有）。菌花的寄主为大戟属（*Euphorbia*）和金合欢属（*Acacia*）植物，靠地下粗壮的茎状根吸收寄主的营养，只在开花的时候露出地面。更为奇特的是一种三头菌花（*Hydnora triceps*）▼甚至连开花都在地下完成，可以终生不露出地面。这也使得它非常隐秘，很难被人发现。三头菌花在 1830 年首次被人在南非南端的开普地区发现，但在其后的一百多年时间里再也没有被人发现过，一度被认为已经灭绝。直到 1988 年才再次被人发现，

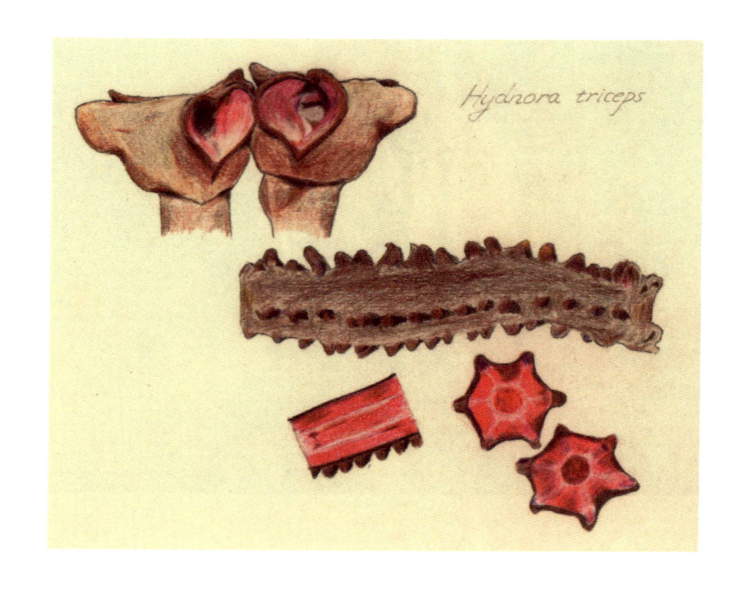

三头菌花，上部为其可在地下开放的肉质花朵。中部和下部是其地下粗大的根状寄生结构及其剖面图。（小铖绘）

其后也在 2004 年再度在纳米比亚南部被发现。三头菌花周身覆盖厚厚的木质表皮，可以在其生长时起到保护作用。三头菌花的三瓣肉质花被片融合成一个杯状结构，向外开出三个开口。由于三头菌花会在地下开花，其传粉过程也非常神秘，猜测可能是由地下的昆虫和小型哺乳动物完成的。

研究者们还发现，菌花有着迄今为止发现的最小的叶绿体基因组，其总长度只有 27kb(一千碱基对，用以度量 DNA 序列的长度单位)。由于不需要进行光合作用，很多寄生植物的叶绿体都在不断退化。菌花跟其进行光合作用的亲戚相比，叶绿体基因组只保留了 24 个基因，丢失了 89 个基因，其中很多都是与光合作用相关的基因。

菌花不仅有着邪恶的生活史，其传粉过程也非常邪恶，演化出了类似肉食植物的捕虫结构。菌花的花朵在地面展开后，花被内侧的白色海绵状结构会散发出如腐尸般的恶臭，吸引皮蠹一类的腐食性甲虫来访。菌花的联合花筒类似于猪笼草或瓶子草的捕虫笼，表面非常光滑，使得进入到花内部的甲虫无法逃脱。研究者们发现每朵花平均可以囚禁两只以上的昆虫。囚禁在花中的昆虫被花粉充分包裹，并在花室内壁干枯后才得以逃脱，继而造访其他花朵完成授粉。

此外，菌花的花朵还有微弱的生热作用，有助于其气味的散发。这种生热作用也见于其近缘的马兜铃和天南星科等植物中。如天南星科的臭菘（*Symplocarpus foetidus*），花朵在严冬开放，花苞内始终保持着 22 摄氏度的温度，比周围环境的温度高约 20 摄氏度，吸引寒冬中的传粉者。生热作用不仅可以促进花朵臭味的散发，也能为传粉的昆虫提供一个舒服的环境，延长它们逗留在花中的时间。

三头菌花的果实有着坚硬的深棕色外皮，直径为 3~10 厘米，225~275 克重。果实内部有白色肉质结构，气味和味道有一点像椰子，质感有点像面面的苹果。一些哺乳动物会钻开这些果实食用里面的果肉，可能有益于其种子的传播。

除菌花外，另外有很多植物也演化出了类似的传粉策略。为了延长传粉者停留的时间，它们演化出了类似肉食植物捕食器官的结构，将传粉者困在花中，以让其能接触到更多的花粉。比如乳草（*Asclepias*）和萝蘼亚科的其他一些植物，在其雄蕊花药上有着线状的结构，被称为载粉器。载粉器可以缠住蝴蝶等传粉昆虫的腿，延长它们的停留时间。但一些小型传粉者如蜂类，有时会因为挣脱不了而死在花里。这种类似的行为也出现在一些兰花，如吉花兰（*Coryanthes*）中。

天南星科的一些植物，如产于欧洲中部的斑叶疆南星（*Arum maculatum*）▼和产于北美的三叶天南星（*Arisaema triphyllum*），也有着跟菌花类似的围困传粉者的结构。在早春花期来临时，它们陷阱般的花序结构能吸引大量小型昆虫来访。雌花位于陷阱结构的底部，而携带花粉的雄花则位于雌花上方。由于开口处有倒毛，传粉者如蚊子和甲虫，只

▶ 斑叶疆南星，陷阱般的花序结构能吸引大量小型昆虫来访。（图自 Sannse）

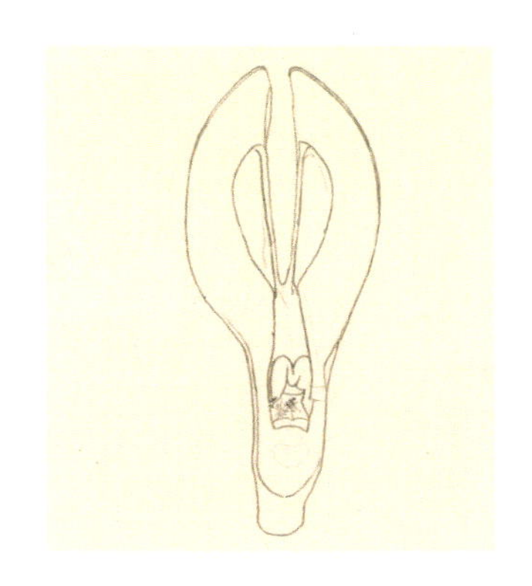

菌花（*Hydnora Africana*）的花纵剖面图，花的上部有腺体可以分泌臭味吸引腐食性昆虫，下部位于地下的腔室光滑，使得进入的昆虫无法逃脱，在花中的昆虫被花粉充分包裹，并在花室内壁干枯后才得以逃脱，继而造访其他花朵完成授粉。（小铖绘）

能沿毛的方向进入花序，而无法原路返回。随着进入的昆虫越来越多，一些先进入的昆虫会被压死在花序底部。在成功传粉后，倒毛会逐渐消失，被困在里面的昆虫才能离开，接着去造访下一朵花。

一些南非产的睡莲，如蓝睡莲（*Nymphaea caerulea*），也采用类似的策略。它们大型、美丽、有香味的花朵能够吸引包括食蚜蝇、甲虫和蜂等传粉者的来访。到晚上的时候睡莲的花朵就会关闭，将传粉者困在花中，直到第二天早上才重新开放，释放传粉者。

菌花的整个生活史都充满了恶感，不愧为“地狱来的植物”，但演化植物学家们却对它充满了好奇。我们对它的寄生机制和花的发育过程还知之甚少，有待进一步的研究。而菌花和前面其他植物的传粉机制，也体现了这些植物在传粉的演化中发展出了跟肉食植物的捕虫机制类似的结构。植物们不仅在将动物作为食物时充满了攻击性，它们在传粉的过程中，也不总是充当温柔的被动接受者。

它像是植物中最叛逆的不肖子孙，不断忤逆着一切演化法则，还放肆地嘲笑着生物学家们，让他们抓耳挠腮。

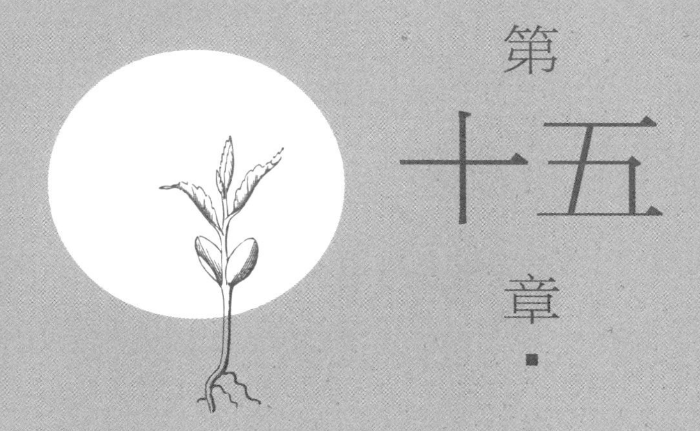

第十五章

演化植物学家的噩梦——大花草

因为拥有世界上最大的花，大花草 ▶ 算得上是寄生植物中最为人所熟知的种类。但它奇特的生活史和构造，却制造了一个又一个演化生物学上的难题，让植物学家们头疼不已。

大花草科（Rafflesiaceae）一共三个属，约 20 种植物，分布在东亚和东南亚的热带雨林中，以婆罗洲为分布中心。大花草主要长在葡萄科崖爬藤属（*Tetrastigma*）植物的根上。大花草能产生大量微小的种子，靠野猪、松鼠、蚂蚁、白蚁甚至大象来传播。

跟菌花类似，大花草科的分类位置也是长期难以确定的。直到 2004 年根据分子系统学研究将它放在金虎尾目。其后的研究发现它位于大戟科（Euphorbiaceae），而且位于大戟科整个系统发育树的中部，将大戟科生生撕成了两半。大花草这一大戟科的乱入者，直接导致了原先的大戟科被肢解成了两个不同的科。

阿诺德氏大花草（*Rafflesia arnoldii*）和其亲戚大戟科植物一品红（*Euphorbia pulcherrima*）的花。可以对比两者花的大小，差异非常显著，大花草的大花是怎样演化而来的也是一个进化生物学上亟待解决的难题。（图自 ma_suska, Scott Bauer）

大花草不仅在植物系统学上掀起了波澜，它跟大戟科攀上的这门亲戚，也同时制造了演化发育生物学上的难题：大戟科的花是出了名的不显眼。世界上最大的花，是怎么从这些小花一步一步演化出来的呢?

到目前为止，我们还缺乏从分子层面揭示由小花到大花这一演化过程的详细研究，只有一些关于为何演化出大花的目的因推测。世界上最大的花大花草，到最小的花微萍，植物的花从1米到1毫米，大小不等。人们一般认为，大花的产生是为了适应更大的传粉者，诸如鸟类，甚至哺乳动物，为它们提供更多的花蜜作为报偿。同时大花也能防止或减轻它们受到这些大型动物的破坏。

但实际上，诸如大花草这一类的大花吸引到的是小型的甲虫和蝇类。研究者们也发现，利用甲虫传粉的植物往往都有着尺寸较大的花朵。但甲虫并非大型传粉者，为何这些植物会演化出大型花呢？一种解释是，大型花可以一次性容纳多只甲虫在其中活动。而这有利于甲虫寻找配偶，从而为甲虫提供了更长的逗留时间。大花草的大花可能模拟了腐肉的体量和质感，同时散发出腐肉的恶臭，可以吸引到腐食性传粉者。大花同时也能增加传粉者在花朵中的停留时间，使它们能够充分接受花粉。除此之外，大花草的花朵还具有产热功能,和前面提到的菌花跟一些天南星科植物类似。一方面有助于腐臭的远距离散播，另一方面也可以为困在其中的传粉者提供适宜的温度，增加它们的逗留时间。这一功能也需要大体量的花完成保温作用。而上述的种种演化上对大花的驱动因素，可能就驱使大戟科的小型花演化成了大花草的大型花，最终演化出了世界上最大的花。

更让人惊奇的是，这种世界上最大的花，却有着最退化的内部寄生组织。其他寄生植物在寄主内的寄生组织，或多或少都有一些功能性的分化，形成类似于木质部或者韧皮部的营养输导结构，从寄主体内盗取营养。但大花草在寄主内部，却是以如同真菌一般的丝状体的形式潜伏着，甚至在显微镜下，我们都很难将它的组织跟寄主的组织分离开来，只能通过细胞核的大小来进行区分。这些几乎没有分化的组织甚至都不是从胚发育而来的，而是直接来自原胚组织。植物在面对病原体入侵的时候会形成胼胝体对其进行隔离。但人们通过显微观察发现，大花草的宿主并没有在大花草的寄生结构周围形成这些组织，说明宿主并未将它们视为外来物质。而大花草巨大的花，也是直接从这些未分化的内部寄生组织发育而来的。这些丝状体在寄主体内生长缓慢。但在开花的时候会进行大量的有丝分裂，从寄主身上破裂而出。这一过程在最大的大花草中需要 9~16 个月的时间来完成。

我们仿佛面对的是一种真菌，而不是一种植物。它以极度低分化的状态潜伏在寄主体内，并在合适的时机像蘑菇的子实体一样破壁而出，开出世界上最大的花朵来。演化生物学家们惊叹于植物在陆地上演化出如此高级复杂的结构之后，竟然还能退化到如此地步。而这一天翻地覆的形态转变过程中的一系列空白，还需要我们慢慢填满。

此外，大花草是目前唯一没有发现叶绿体基因组的植物。异养植物不再进行光合作用了，叶绿体基因组退化也很正常，其他异养植物或多或少还保留了一些残存的叶绿体基因组，但在大花草中就是找不到一点叶绿体基因组的痕迹。那么大花草是不是就真的没有叶绿体基因组了呢？这又给生物学家提了一个难题。因为证明没有是一件很令人头疼的事，或许就还有那么一点点而你没有找到呢？怎么去证实？

2013 年的一项新研究中，大花草再次跌破了生物学家的眼镜。在这项演化发育生物学研究中，人们发现大花草科的两个属——大花草属（*Rafflesia*）和寄生花属（*Sapria*）花的构造发育居然是非常不一样的。大花草科植物的花一般都形成大型碗状的花室结构，但其结构跟我们常见的花朵非常不一样。花室的底部和侧壁是由花被管组成的。花室的顶部被称为横膈。横膈的开口是腐食性传粉者的入口。花室内部被一系列极具吸引性的花被管所环绕。花室的中心则有一根柱状结构。跟它的亲戚大戟科一样，大花草的花是单性的。大花草这些不同寻常的结构，到底都是由花的哪一部分演化而来的呢？

根据花发育的 ABC 模型，植物花不同部分的发育由三类基因控制。A 类基因的单独表达控制了萼片的发育；A 和 B 类基因共同控制花瓣的发育；B 和 C 类基因共同控制雄蕊的发育；C 类基因单独控制心皮的发育。所以，研究者们可以根据检测花的不同部分这三类基因的表达情况，来发现大花草不同寻常的花的各个部分，到底是由花的哪一部分构成的。

研究结果表明，在大花草属中，花上部的横膈是由花瓣轮发育而来的。但在寄生花属种，该结构却是由位于花被轮和花药轮之间的特殊环状结构发育而来的。也就是说，即便是在大花草科中，大花的发育来源也是不同

寄生花（*Sapria himalayana*）的花，其花的结构看上去跟大花草相似，但各部分发育的来源却迥然不同。（图自 Andreas Fleischmann）

的。这一结果又生出了更多的疑问。为何大花草这样奇特的结构的花，还会经历不同的发育过程呢？一种可能的解释是，在大花草科中，大花草属的花比其他两属还要更大，为了使大花结构进一步趋于稳定，大花草属在发育的层面进行了进一步的演化，发展出了更多的支持性结构来对大花进行加固。

大花草已经向我们提出了很多演化生物学上的难题，而且相信在今后围绕着它还会有更多的谜团涌现出来。它像是植物中最叛逆的不肖子孙，不断忤逆着一切演化法则，还放肆地嘲笑着生物学家们，让他们抓耳挠腮。

但科学的魅力不就在于这些刺激的挑战吗？它们像遥不可及的高峰一样，为我们提出一个又一个难题，不断激励着一代又一代的科学家们向上攀登着。

大花草（*Rafflesia keithii*），最神秘的植物。围绕着它有很多谜团需要我们去解开。（小铖绘）

簇花草自己不进行任何光合作用，平时以内部寄生组织潜伏寄生于寄主组织内，只在开花的时候破壁而出，形成伞状的一簇，珊珊可爱。

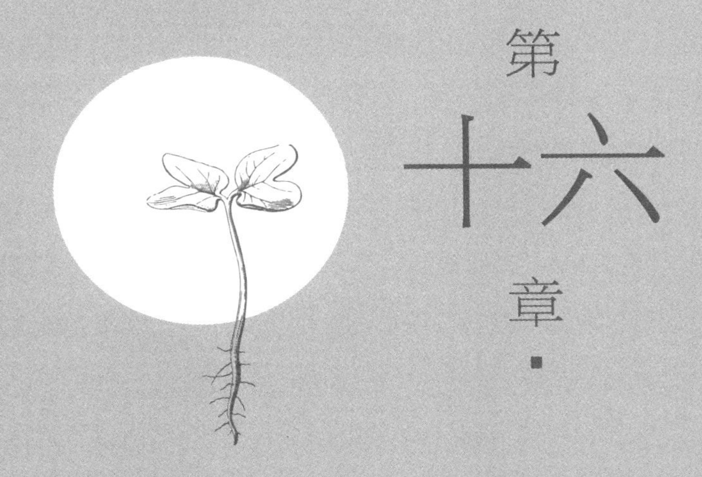

第十六章·

宿主选择与物种分化——簇花草

簇花草科原本跟其他很多寄生植物一样被放在大花草科，当代分子系统学研究将其放在了锦葵目，跟产于热带美洲的文定果科（Muntingiaceae）关系最近。簇花草科一共两属：美洲簇花草（*Bdallophytum*）分布在中美洲雨林，约5种；簇花草（*Cytinus*）分布在地中海区域和南非，有6到7种。簇花草是营完全寄生植物的多年生根寄生植物，但也有少数能寄生在宿主的茎部。簇花草自己不进行任何光合作用，平时以内部寄生组织潜伏寄生于寄主组织内，只在开花的时候破壁而出，形成伞状的一簇，珊珊可爱，算是寄生植物里面颜值颇高的种类。某些种类的簇花草的幼嫩花芽还被作为芦笋的替代品来食用，在当地民间医药中，也被用来作为通经药。

簇花草的寄生机制被科学家们研究得比较透彻。寄生初期，找到宿主后，簇花草的组织穿透寄主根系最外层的皮层和形成层，深入到中柱的内部。中柱内含有维管束等营养水分输导组织，是簇花草赖以生存的生命源泉。来到目的地后，簇花草的寄生组织细胞开始不断分裂。持续大量的细胞分裂活动会挤压寄主的形成层，使其跟宿主的木质部剥离开来，而寄生细胞在其间的空隙中继续分裂，最终在寄主的形成层跟木质部之间形成一圈完整的寄生桶状结构。在这之后，寄主的形成层会继续活动，在其内又形成新的木质部组织。簇花草的寄生组织又侵入新的木质部跟形成层之间，形成新的寄生桶状结构。簇花草重复以上活动，最终形成像千层糕一样的，一层寄主组织一层寄生组织的多层结构来，使得簇花草可以尽可能多地吸收宿主的营养物质。

一般而言，寄生植物会倾向于扩大自己宿主种类的范围，从而增加自己的存活概率。如果它们过于“挑食”，在找不到合适的宿主的情况下，就很有可能遭遇灭顶之灾。所以寄生植物会尽可能多地尝试寄生在它们所生活的生境下的所有植物上。根寄生植物，如火焰草属（*Castilleja*）▼，可以寄生在 100 多种不同科的植物上，小鼻花（*Rhinanthus minor*）可以寄生在 18 个科约 50 种不同的宿主上。和根寄生植物相比，茎寄生植物的宿主专一性要强一些，但菟丝子仍然能寄生在数百种植物上。

与此相对应，也有一些寄生植物有着非常强的宿主专一性。如一种产于北美东部的列当科根寄生植物（*Epifagus virginiana*），▼就只能寄生在美国山毛榉（*Fagus grandifolia*）上。在茎寄生植物中，桑寄生科的一种油杉寄生（*Arceuthobium minutissimum*）只能寄生在一种松树乔松（*Pinus wallichiana*）上。

为何会出现这样的宿主专一化趋势呢？如果寄生植物在其生境中有

火焰草（*Castilleja miniata*）和列当科寄生植物。前者可以寄生在 100 多种不同科的植物之上，后者只能寄生在美国山毛榉上。（图自 Dcrjsr, Cody Hough）

着大量的宿主可以选择的话，也许它们就有了“挑嘴”的资本了。它们可以选择更有利于自己生长、繁殖的宿主。有研究表明，寄生植物更偏向于选择氮素含量更高的植物，如豆科植物，或是维管组织更容易到达的植物，或是低抵抗力的植物。寄生植物可以根据不同的标准来选择宿主。从空间上来看，寄生植物更喜欢选择同一生境下数量更多的植物，以提高自己的生存可能性。一些寄生植物在合适宿主的化学信号刺激下才会萌发，这对它们在萌发后快速找到宿主展开寄生至关重要。菟丝子在用自己的茎不断游走找寻宿主的时候，也会进行这样的试探动作。通过触碰宿主的茎干，它们会回避自己不喜欢的宿主。如果碰到了合适的宿主，就会紧紧缠绕，然后开始进行穿刺，展开寄生活动。

而在这样的不断选择下，会不会促使一个类群产生新的物种呢？寄生生物正是由于其独特的生活史，使得研究者们猜想它们有着跟其他生物不同的物种形成机制，如宿主选择导致的物种和种群分化。寄生植物在长期的寄生生活中会不断跟宿主进行遗传物质的交换，以方便其在分子层面模拟宿主，降低其排异反应。这一过程也会导致寄生植物对寄主的选择不断专一化，并随着这种专一化的加深，在基因层面和表型上出现差异，产生种群甚至物种的分化。

簇花草可以自交，也可以通过蚂蚁传粉。地中海沿岸的簇花草寄生在半日花科的岩玫瑰属和欧洲半日花属植物上，宿主种类不广，但也不单一，正好成了演化生物学家研究宿主选择与物种及种群分化的好材料。

在 2008 年的一项研究中，科学家们就采用地中海西部沿岸的簇花草▼为研究材料，对这一假说进行了证实。科学家们研究了寄生在 10 种半日花科宿主上的 22 个居群，174 株簇花草个体，采用了 DNA 分子标记构建系统树，使得我们可以知道这些类群或物种的亲缘关系，并跟它们的宿主相比对。其结果正好显示出选择同一宿主的个体在系统树上聚在了一块儿，也就是说选择同一宿主的个体，在遗传学上和演化历史上都更接近，这也证实了对宿主选择的单一性导致了寄生植物在种群和物种上的分化。

簇花草（*Cytinus hypocistis*），通过蚂蚁授粉。配色鲜艳，对比度高，算是颜值最高的寄生植物之一。（小铖绘）

据说站在槲寄生下的人不能拒绝别人的接吻请求，而在槲寄生下接吻的情侣，会终身幸福美满。

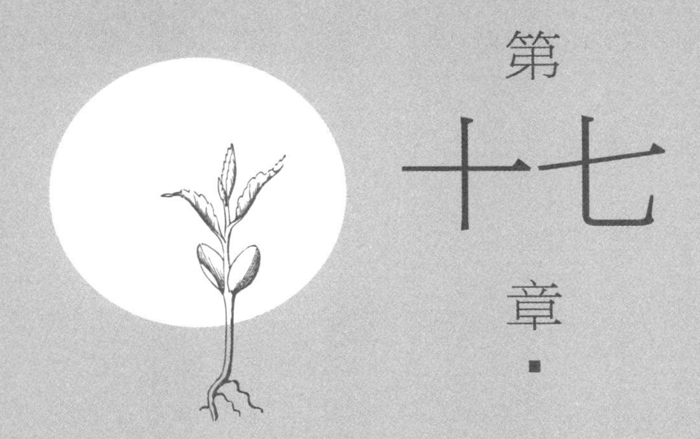

第十七章

寄生植物与草食动物的竞争——槲寄生

槲寄生 ▶大概是人们最熟悉的寄生植物了。每当北方温带地区落叶树林的冬季来临时，常青的槲寄生在其寄主的枯枝上显得格外惹眼，而其白色裸露的浆果，也在绿叶间闪闪发光。在基督教兴起前的欧洲，槲寄生被认为是神圣男性元素（浪漫、繁殖力和活力）的象征。在现代，槲寄生也是圣诞节必不可少的装饰物和象征物。据说站在槲寄生下的人不能拒绝别人的接吻请求，而在槲寄生下接吻的情侣，会终身幸福美满。这一说法可能起源于斯堪的纳维亚地区。13 世纪冰岛史诗《散文埃达》记载，众神之后弗丽嘉的儿子光明神巴德尔做了自己将死的噩梦，弗丽嘉因此在一次诸神集会中请求诸神见证世间万物皆不可伤害巴德尔。但由于槲寄生看上去太柔弱，弗丽嘉独独没有让它发誓。而诡计多端的洛基便利用这点，欺骗巴德尔的瞎子哥哥霍德尔，向巴德尔投出了槲寄生枝条杀死了他，世界因此失去光明。弗丽嘉为儿子哭泣的泪水变成了槲寄生的白色浆果，为了纪念巴德尔之死，经过槲寄生树下的人都要互相接吻。这一习俗在 19 世纪早期广为流传，美国作家华盛顿·欧文（Washington Irving）在 1820 年的《英伦见闻录》中记载：

槲寄生仍然被挂在圣诞节期间的农家和厨房中，年轻的小伙子有亲吻在它之下出现的姑娘的特权，而且每一次都需从其上摘取一颗浆果。而当所有的浆果都被摘下时，这一特权也就失效了。

槲寄生是檀香目（Santalales）檀香科（Santalaceae）槲寄生属（*Viscum*）植物，广泛分布在东半球热带和温带地区，约 150 种植物。檀香目是寄生植物中种类最多的一个类群，约 13 个科，151 属，1992 种植物，且大多是半寄生植物。檀香科则有 35 属，包含我们熟悉的香料植

常绿的槲寄生（*Viscum album*）和其白色的浆果，在冬日被白雪覆盖的落叶树枝干上显得特别惹眼。（图自 SwordSmurf）

物檀香树（*Santalum album*）。槲寄生原来被放在独立的槲寄生科中，现代研究将其包含在檀香科内。

大部分槲寄生靠鸟类传播种子，很多鸟类专门取食槲寄生的果实。槲寄生的果实一般都很大，有着显眼的颜色，富含碳水化合物、氨基酸、矿物质和脂类，以吸引鸟类取食。槲寄生的种子会有一层富含槲寄生素的黏性种皮，槲寄生的种子随鸟粪落在寄主的树枝上，就可以被粘在枝条上。

落在枝条上的种子萌发之后，其初生吸器会发育出吸附器，与寄主连接的上皮细胞会分泌类脂类物质，将其与宿主紧紧粘在一起。入侵组织在到达寄主的维管束后，就会随宿主茎干的生长逐渐被埋在其次生木质部中。这一部分入侵组织被称为初级埋体。初级埋体其后会在宿主皮层内进一步生长。这些被称为皮层束的多细胞衍生结构会沿跟茎轴平行的方向生长，其延伸的长度随物种的不同而有差异。槲寄生的皮层束在其后会产生次生埋体，和初生埋体相似，在宿主的木质部和维管束中呈放射状生长。在宿主的维管束中，这些埋体细胞仍然具有分生功能，可以继续分裂，使得埋体可以跟宿主的次生生长一起生长。最终成熟的皮层束可以产生花芽，并从宿主的表面破壁而出。

寄生植物将植物当作自己的营养来源，而草食动物同样也将植物作为自己的食物来源。作为利益互相冲突的双方，它们两者会不会出现什么有意思的竞争关系呢？研究表明，一些寄生植物会进行拟态，或利用宿主的叶片来保护自己免受草食动物的啃食。因为大量吸收宿主的营养之后，对草食动物来说，长势良好的大型槲寄生类植物看上去可能比健康受到严重影响的宿主更可口。为了避免被草食动物察觉到，槲寄生的叶片会倾向于长得跟寄主一样，这一保护性的拟态现象，可以使它们在森林中显得没有那么惹眼，从而躲过一些靠视觉来寻找食物的草食动物。而对另一些营养器官并不显著发育的小型槲寄生类植物来说，它们则反而更倾向于不进行这种拟态，以使自己跟寄主区分开，使自己相比寄主，在草食动物眼中没有那么可口。此外，槲寄生还会产生槲寄生素（viscin），这是一种核糖体活动抑制蛋白，可以跟细胞膜表面糖蛋白的半乳糖末端联结，并通过内吞作用进入细胞内部。槲寄生素能通过失活核糖体 60s 亚基而强烈抑制细胞蛋白质的合成，这一毒素也使得它们能够抵抗草食动物的啃食，让它们在野外得以生存。

被寄生植物寄生的植物会更加虚弱，也应该更容易受到昆虫的啃食。但科学家们观察到，由于寄生植物跟草食动物对营养资源的竞争，草食动物也可能更少啃食被寄生的植物。观察表明，被一种鼻花（*Rhinanthus serotinus*）寄生的白车轴草（*Trifolium repens*）会更少受到蜗牛的啃食。但对比产氰和不产氰的车轴草属植物，科学家发现受到寄生的产氰车轴草的氰化物产量会低于没有受到寄生的个体，这也表明寄生现象会减少植物合成抵抗草食动物的有毒化合物的产量，表明草食动物之所以更少啃食被寄生的植物，可能只是因为它们看上去已经不太健康，没有那么有吸引力了。

寄生植物不仅能从寄主身上吸收营养物质和水分，它们也能获得一些有毒性的次生代谢产物来为自己提供保护。科学家们发现，根寄生半寄生的列当科植物，可以获得宿主中的生物碱，并减少自己被草食动物啃食的机会。一些檀香种植者发现，生活在苦楝（*Melia azadarach*）附近的一种檀香（*Santalum acuminatum*）会比其他檀香更少受到虫害的侵袭。而科学家们通过实验检测发现，这种檀香的果实中含有从其附近的苦楝体内获得的自然杀虫化合物。和没有生长在苦楝附近的檀香相比，它们的果实被蛾子幼虫啃食的机会会更小。

科学家们还发现，同时寄生在不同宿主上的寄生植物可以降低其被草食动物啃食的概率。同时寄生在豆科和非豆科植物上的火焰草（*Castilleja wightii*），▶相比只寄生在豆科或非豆科植物上的个体，其上蚜虫数量的增长要缓慢得多。通过寄生于不同的宿主之上，寄生植物可以获得更多样的次生代谢产物，从而增加自己抵抗草食动物的能力。这也可能是很多寄生植物会选择广泛宿主的原因。

火焰草，通过寄生于不同的宿主之上，寄生植物可以获得更多样的次生代谢产物，从而增加自己抵抗草食动物的能力。（图自 a13ean）

它们的个头都很小，生得十分飘逸，一个个都是营养不良的病娇模样。如林黛玉一样，感觉一阵风就可以把它们连根拔起。

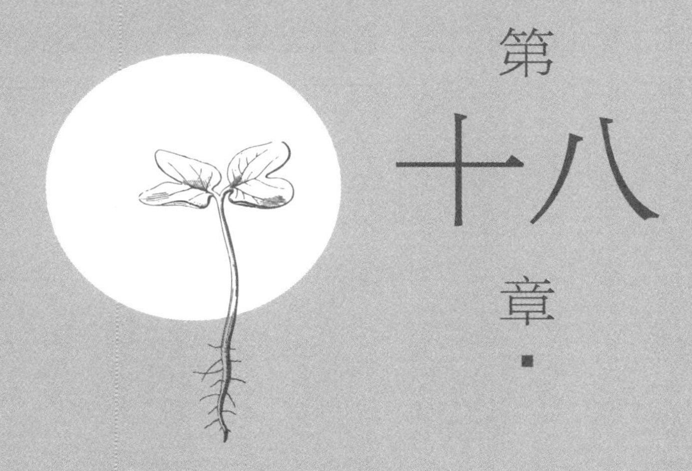

第十八章

真菌同盟的背叛者——菌异养植物

由于不进行光合作用，菌异养植物一度被认为跟大花草和菟丝子一样，是一类寄生在其他植物根系上的寄生植物，林奈一开始就把松下兰（*Monotropa hypopitys*）放置在了寄生类的列当属下面。后来人们发现，这些植物跟其他植物的根系并无联系，它们一度被认为是依赖吸收地下动植物的腐殖质获得营养的，被称为腐生植物。但现代研究表明，这些植物其实是依赖于从共生真菌那里盗取营养的寄生生物，所以腐生植物这一称呼也就显得不再准确了。人们现在称呼这一类植物为菌异养植物。

植物可以进行光合作用来自养，但这并不代表它们可以万事不求人，彻底自给自足。在地面上，它们需要昆虫为其授粉，而在地面下，它们也需要细菌和真菌帮助它们吸收水分和各种营养物质。植物在征服陆地后，就跟土壤真菌建立了长期合作的互利共生关系，超过 90% 的植物，包括大量农作物，都可以形成菌根（mycorrhiza）。除了高等植物，低等植物如苔类植物和角苔类植物，也能形成菌根。化石证据也表明，绿色植物展开从海洋到陆地的攻势，并最终成功在陆地上扎根的丰功伟绩，也少不了这些真菌小伙伴的帮助。菌根（mycorrhiza）一词来源于希腊语的真菌和根系，体现了这种合作关系。菌根真菌促进了植物从土壤中吸收营养的能力，作为回报，植物则通过光合作用为真菌的生长和繁殖提供碳素来源。

菌根现象主要有两大类：由球囊菌门（Glomeromycota）真菌形成的丛枝菌根（arbuscular mycorrhiza）和由一些担子菌门跟子囊菌门真菌形成的外生菌根（ectomycorrhiza）。丛枝菌根是最常见，也是最古老的菌根形式，与植物从海洋成功登陆陆地息息相关。球囊菌无法单独生存，它们必须侵入植物根系的皮层细胞内部，形成丛枝菌根与植物进行共生。80%~90% 的陆生植物都可以形成丛枝菌根，且一种植物可以跟好几种球囊菌形成菌根，球囊菌反过来也可以与好几种植物形成共生关系。植物跟它们相邻的其他植物，还可以通过菌根体系联系起来。

温带和热带森林中，松科、壳斗科、龙脑香科、桃金娘科和豆科的植物可以跟担子菌和子囊菌形成外生菌根。这一菌根形式晚于丛枝菌根出现，数量也没有前者多。这一菌根形式中，真菌细胞不侵入植物细胞内部。真菌的菌丝组织先覆盖住植物的根系，然后菌丝如同迷宫一般向内深入根的表皮和皮层之间，菌丝同时也向外生长延伸入土壤之中。

此外，兰科植物还可以跟一些腐生担子菌形成特别的菌根。这些腐生担子菌可以分解木材跟其他动植物的尸体，以获得其中的碳素和其他营养物质。兰科植物这一独特的、将本来自由生活的腐生真菌驯化来跟自己共生的本领，也为它们占据大量迥然不同的生境和如此庞大的物种数量提供了便利。

菌根现象本来是真菌和植物结成同盟，形成的一种双赢共生关系。但在漫长的演化过程中，渐渐地，某些植物开始打起小算盘，算计起自己的真菌小伙伴来。它们开始将这种互利共生关系，变成只有自己单方面获利的寄生关系，菌异养植物也就应运而生了。菌异养植物从菌根真菌中获取氮素和其他营养元素，自己却不进行光合作用为真菌提供回馈，变成了依赖真菌生长的寄生者。菌异养植物大多生活在阴暗的树林最底层地面上，无法得到足够的阳光。生物学家们也推测，为了弥补阳光不足所导致的光合作用的效率低下，这些植物才渐渐转而开始想办法从真菌身上下手，演化出了独特的菌异养行为。

不同菌异养植物对真菌的利用程度也不同。部分菌异养植物，自己还有光合作用的能力，多少还能为自己的真菌小伙伴提供一些回馈，虽然这些回馈远没有其他绿色植物多。而完全菌异养植物，则完全失去了光合作用的能力，其能量和营养完全来自真菌，自己也没有能力提供任何回馈，成了真正的“寄生虫”。

科学家们在19世纪便注意到了菌异养现象的存在。在19世纪40年代的时候，自然学家就对松下兰是否寄生在山毛榉树的根系上展开过争论。通过显微镜观察松下兰的根系，发现和其他寄生植物不同，松下兰的根系并没有跟周围的树木紧密联系在一起。几乎与此同时，第一份关于真菌侵染兰花根系的描述也出现了。有学者认为这些真菌将土壤中的营养带给了兰花。1882年，卡门斯基（Franz Kamienski）里程碑式的研究，第一次通过仔细观察松下兰的根系，证实了其跟真菌的紧密联系。

我们可以在苔藓、裸子植物、单子叶植物和真双子叶植物里面找到菌异养植物的踪迹，包括约17个科、101属约880种植物。菌异养植物主要分布在单子叶植物里面，这可能跟单子叶植物的根系系统更适合产生菌根有关。而整个单子叶植物的菌异养植物里面，兰科又占了大多数。

实际上，所有的兰科植物都算是某种程度上的菌异养植物，因为它们的种子的萌发过程是离不开从真菌中吸收营养这一过程的。兰科植物能够产生世界上最小的种子之一，如粉尘状，可以只有0.15毫米长，重量一般不超过1微克。一颗兰科植物的蒴果可以含有10万枚种子。这么细小的种子，势必不会像其他植物种子那样，有充足的营养储存在子叶或者胚乳中。那么兰科种子萌发所需要的营养来自哪里呢？答案就是真菌。兰科种子的萌发都需要从真菌那里获得营养，这使得它们在生命初期都属于菌异养植物。只不过很多兰科植物在长出绿叶之后就不再需要继续寄生在真菌之上，转而开始进行光合作用自给自足起来。但仍有一些兰科植物如天麻，终生营菌异养生活，将这种剥削关系进行到底。

有人会羡慕腐生植物过着这样被包养的生活，一定是衣食无忧的。然而自然界是公平的，腐生植物既然选择破坏契约精神，也要付出高昂的代价。首先，真菌毕竟个头都不大，腐生植物想要从它们那里获得大量的营养实属难事，所以腐生植物的画风，就跟那些张牙舞爪、耀武扬威的寄生植物大不相同了。它们的个头都很小，生得十分飘逸，一个个都是营养不良的病娇模样。如林黛玉一样，感觉一阵风就可以把它们连根拔起。

其次，真菌也并不是等着被揩油的“傻白甜”，它们也会不断进化来辨识、对抗这些不劳而获者，腐生植物也必须不断变异来应对真菌的反击，如同抗药菌跟抗生素旷日持久的斗争一般。因此腐生植物有着比普通植物更高的基因突变率，这使得它们往往呈现出非常古怪的画风，长出一些非常暗黑、哥特式的花朵来。最后，由于腐生植物对真菌寄主和环境有着非常高的专一性，导致很多种类分布范围非常狭窄，灭绝的风险也比普通植物高得多。大部分种都是稀有种，很多种更是一经发现，就再也没有找到过。比如传说中的中华白玉簪（*Corsiopsis chinensis*），是1999 年由中国科学院华南植物研究所的张奠湘研究员在整理一批 1974 年于广东封开采集到的旧标本的时候发现的。整个白玉簪科在亚洲只有这么一个属，一个种，一次发现记录。跟白玉簪同科的另外两个兄弟姐妹，一个是只分布在新几内亚及附近岛屿的美丽腐草属（*Corsia*），另一个是只分布在南美洲的蜘蛛花属（*Arachnitis*）。

中华白玉簪、美丽腐草和蜘蛛花，它们的距离是如此遥远，就像是失散多年的三个兄弟，遗落在地球上的三个角落，从来没有机会团聚。但故事的结局是悲伤的，中华白玉簪除了那一份 20 世纪 70 年代的标本以外，半个世纪以来，就再也没有人发现过它的踪迹，很多人都猜测，这个种，乃至这个属，连一张彩照都没有，就已经灭绝了。而它的灭绝，甚至可能

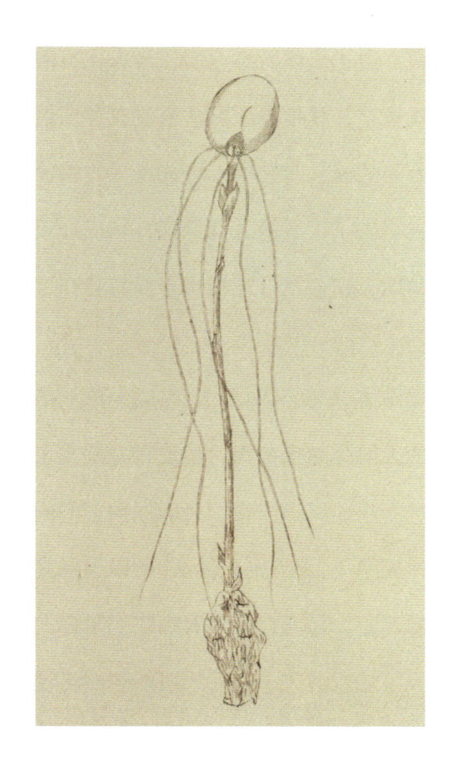

中华白玉簪，只在标本中存在过的菌异养植物，连一张彩照都没有，我们何其不幸，无法一睹它的芳容。（小铖绘）

早于 1999 年它首次被发现的时间。这地球上三个天各一方的兄弟，现在可能只剩下两个了。

让人细思极恐的是，要是 1999 年没有人去调查那批标本，甚至要是那份 20 世纪 70 年代的标本由于种种原因没有保存下来，其后果就是，整个《中国植物志》会少一个科，整个亚洲会少一个科的发现记录。而对这个种、这个属来说，由于个体微小柔弱，形成化石的难度大，如果我们没有在它灭绝之前发现它，就相当于它从来没有存在过。过去、现在，以及未来数百数千数万年的漫长时光中，可能压根儿就没有它存在过的丝毫痕迹。它出现过，它消失了，很多人都觉得，它已经灭绝了。所幸我们曾经发现过它，不然的话，它存在过却相当于没有存在过，它将永远不为人所知。

目前只有少数如天麻一类的有重大经济价值的腐生植物有成熟的人工栽培技术，此外的大部分腐生植物，是没有办法人工栽培的。无法人工栽培，就没有办法进行迁地保护，我们只能保护它们的生存环境，祈祷它们不要哪一天就忽然灭绝了，此外别无他法。所以这些腐生植物，纤细柔弱，如同鬼魅一般，飘忽不定。你能在野外看到它们是你的福气，它们今天可能出现在这里，明天可能就消失了，后天可能忽然出现在那里，或者某天它就忽然全部灭绝，再也看不到了，我们没有一点办法，只能听之任之。

愿以后随着园艺种植技术的进步，我们能够把这些任性的精灵，留在植物园里多加呵护吧。让更多的人见识到它们在世上罕有的美，也能够保护这样的美，不要忽然有一天，就再也看不见了。

▶ 中华白玉簪的两个相距天涯海角的亲戚：上为只分布在新几内亚及附近岛屿的美丽腐草（图自 Thassilo Franke），下为只分布在南美洲的蜘蛛花（图自 pabloendemico）

唐代白居易《斋居》诗云：“黄芪数匙粥，赤箭一瓯汤。”这其中提到的赤箭，就是天麻。

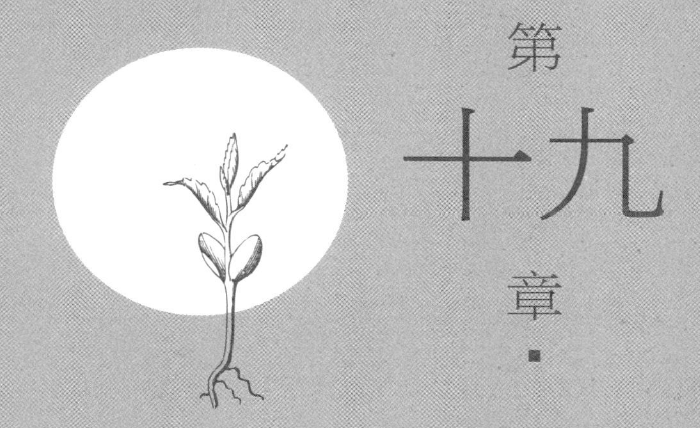

第十九章

以菌为食——天麻

看了那么多国外产的奇花异草，本次的主角终于轮到我们国家产的“自己人”了。唐代白居易《斋居》诗云：“黄芪数匙粥，赤箭一瓯汤。”这其中提到的赤箭，就是天麻。天麻又名赤箭、离母、鬼督邮、神草、独摇芝、赤箭脂、定风草、合离草、独摇、自动草、水洋芋、明天麻等，为兰科天麻属植物。赤箭以其茎如箭杆，赤色得名。

天麻是兰科天麻属植物。兰科也是被子植物中物种数量最多的科，约有 880 属约 22000 种植物。其中 43 个属约 235 种植物是缺乏叶子的全异养和半异养植物。兰科中最大的全异养属是产于旧大陆的无叶兰属（*Aphyllorchis*）和天麻属（*Gastrodia*），前者有 33 种植物，后者有 22 种。更多的兰科植物是半菌异养植物，一些半异养的兰科植物偶尔还会产生完全没有叶绿素的“白化”体。但需要注意的是，一些兰科植物开花时不产生叶片，在之后才长出叶片进行营养生长，有时会被人们误以为是菌异养植物。兰科植物广泛分布于除极圈和干旱沙漠之外的世界各地，但主要分布在热带地区，大部分的完全菌异养兰也生长在热带地区，特别是东南亚和大洋洲。所有已知的兰科植物的种子萌发都要依赖于真菌。一些兰科植物在萌发之后会长出绿色叶片进行光合作用，结束异养生活。另一些则终生寄生在真菌之上，不进行光合作用。

天麻是名贵的中药材，其药用部位为其地下根状茎。《本草纲目》记载："天麻乃肝经气分之药。"天麻性味甘，平，有平肝息风的功能，常用于头痛眩晕、肢体麻木等症。现代研究表明，其主要药效成分为天麻苷和天麻素。现代医学研究发现，天麻的有效成分对中枢神经系统有作用，如镇静安神、抗痫、镇痛；也对心血管系统有作用，如扩张血管、降压以及增加机体耐缺氧的能力；还有促智抗衰老和增加机体免疫功能和抗炎的作用。人工提纯的天麻素可以制成注射液，现代药理研究发现，其具有镇痛、镇静以及增加脑血流量、减少脑血流阻力的作用，特别能增加椎－基底动脉供血，改善迷路动脉及内耳血供。

天麻是菌异养植物，其种子细小，无胚乳及其他营养储存，仅由胚和种皮构成。所以天麻萌发时，跟其他兰科植物一样，需要依靠小菇属（*Mycena*）的几种真菌提供营养。在长成之后仍然不进行光合作用，而是继续其菌异养的生活。天麻需要寄生在蜜环菌（*Armillaria mellea*）等木腐菌上，靠分泌溶菌酶消化蜜环菌的菌丝吸收营养。天麻的根状茎吸引蜜环菌从表皮细胞侵入，但天麻的表皮层和中柱层之间有一个空腔细胞区，用来隔离抑菌，阻止菌丝的继续侵入。天麻同时还可以分泌天麻抗真菌蛋白（GAFP），对真菌的侵染有着强烈的抑制作用，防止根状茎被真菌侵蚀腐烂。有科学家通过基因工程技术，将这一基因转移到其他植物体内，可以使原来无法产生抗真菌蛋白的植物获得抗真菌病害的能力。利用这一技术可以获得高效能、无消耗、无污染的抗病植物新品种。

天麻 ▶ 是少数成功大规模人工栽培的菌异养植物，而我国科学家在对天麻的人工培育方面也做出了巨大的贡献。天麻的栽培过程需要培育供其寄生的蜜环菌，这就需要首先准备蜜环菌能够生长的腐木，如水青冈、桦树、桤木等树种。将木材切割成大段之后，每隔十多厘米砍出小口，整体呈鱼鳞状排列。在木材上面接种蜜环菌后，将木段于坑中排列成两层，层间填充腐殖土，保持适当的温度和湿度，经 2 ~ 4 个月后就可长出蜜环菌来。然后清除腐烂的蜜环菌，保留长势良好的蜜环菌，就可以在其上栽培天麻了。天麻也可用种子进行有性繁殖，过程也同上，只需在播种时，于两层菌材间多放些树叶和腐殖土，以提供其萌发时所需要的寄生菌种即可。

天麻的无性繁殖技术简单成熟，也是目前人工栽培最广泛采用的方法。但长期无性繁殖会导致品质的下降，经过三代以上便会出现明显的减产降质现象，容易出现病虫害，影响天麻的产量。也有学者探索了天麻有性繁殖的技术，但难度还是远高于无性繁殖。所以现在为了克服无性繁殖的缺陷，会采用换种、换地、换菌三换措施，来抵消长期无性繁殖带来的劣势。

天麻可根据采收季节分为冬麻和春麻，冬麻即为在冬季采收的天麻，一般来说冬麻质佳。成品中药天麻是由箭麻经过洗净、去皮、水煮、烘

天麻（*Gastrodia elata*）。其膨大的地下根状茎，也是其主要药用部分。（小铖绘）

干后得到的，需洗去箭麻表面污物，削去鳞片和粗皮后，投入沸水烹煮10 ~ 20分钟，至天麻完全呈半透明状时停止，最后将天麻小火烘干至含极少量水，压平，即得成品天麻。

天麻为椭圆体，颜色为灰色或棕色，长度为3 ~ 15厘米，宽1.5 ~ 6厘米，表面有环纹，且具有三角形的鳞片，俗称为“蟾酥皮”。而天麻药材中冬麻的顶端有红棕色或深棕色的干枯芽苞，俗称“鹦哥嘴”或“红小辫”；春麻的顶端有空心的茎基，俗称“芦根蒂”。药材的底部有脐形的疤痕，俗称为“凹肚脐”。断面为角质，灰白色。气微，味甘。

天麻药材以质地坚实沉重，有“鹦哥嘴”、断面实心、明亮的冬麻为佳品，而质地松软，有残留的茎基、断面空心、色暗的春麻为次品。

天麻虽然有很多好处，但也不要随便乱吃。古人早就对天麻的毒副作用有所认识。《本草纲目》说：“久服天麻药，遍身发出红丹。”《本经逢原》也云：“天麻性虽不燥，毕竟风剂，若血虚无风、火炎头痛、口干便闭者，不可妄投。”《本草撮要》也说：“血液衰少及非真中风者忌用。”现代医学研究也发现天麻具有明显的神经毒性和一定的肾毒性，一次服用 40 克以上就会导致中毒，常在 1 ~ 6 小时后发作，严重过量时甚至有可能导致死亡，因此服用时需注意用量。

天麻这样的菌异养植物不仅造型和生活史奇特，其体内还蕴含着诸多有药用价值的天然化合物，值得我们去深入分析和发掘，使其成为我们攻克疑难杂症的有效利器。

在野外看见水晶兰的时候，人们总是会忍不住敬畏它那遗世独立的皎洁，感受不到一丝生命的迹象，仿佛它来自死亡的世界。

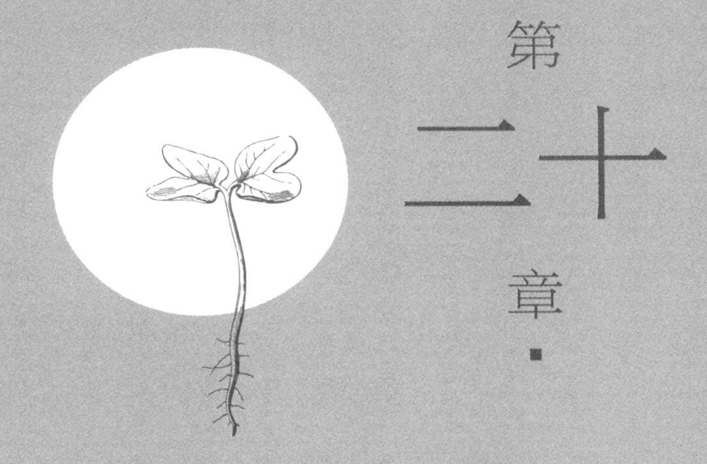

第二十章

进化的死胡同？——水晶兰的传粉

水晶兰（*Monotropa uniflora*）▶大概是这个世界上最纯净、最晶莹剔透的植物。它可以通体没有一丝色素，呈现出完美的雪白色。水晶兰株高 5 ~ 30 厘米，被鳞片状的退化叶覆盖，寄生在跟其他植物共生的菌根真菌上，一般出现在山毛榉类树木附近。由于不需要进行光合作用，它们往往出现在密林底部的阴暗角落里。水晶兰分布在东北亚、北美和南美洲北部，中国很多地区也有分布。在野外看见水晶兰的时候，人们总是会忍不住敬畏它那遗世独立的皎洁，感受不到一丝生命的迹象，仿佛它来自死亡的世界。相比石蒜，水晶兰似乎更适合彼岸花的称号。

水晶兰属原来属于鹿蹄草科，现在被归并到杜鹃花科中。由于水晶兰是最常见的菌异养植物，很多人可能会产生大部分菌异养植物都属于真双子叶植物的印象。但实际上，在所有菌异养植物中，真双子叶植物只占非常小的一部分，大部分菌异养植物都是单子叶植物。完全菌异养在被子植物中至少独立起源了 45 次。完全菌异养植物中，有约 468 种都是单子叶植物，只有 47 种是真双子叶植物，差不多只有前者的十分之一。但与此相对的是，寄生植物独立起源了 11 次，约 390 种且全部属于真双子叶植物。为什么会出现这样数量悬殊的对比呢？我们目前还没有答案。也许是单子叶植物的根系更容易跟真菌形成共生关系，从而有利于演化出菌异养的生活方式。

单子叶植物中有 5 个目 7 个科含有菌异养植物，而真双子叶植物中

水晶兰，最晶莹剔透的花。（林业杰摄）

只有 3 个目 3 个科有菌异养植物，分别为豆目的远志科，龙胆目的龙胆科，和杜鹃花目的杜鹃花科。我国的远志科寄生鳞叶草（*Epirixanthes elongata*）和龙胆科杯药草（*Exacum paucisquama*），均产于云南、广东、海南等热带地区，非常稀有，很少能被人发现。所以在国内，我们平时能够看到的菌异养植物，都属于杜鹃花科水晶兰亚科，我国一共产 4 属 5 种。

杜鹃花科是一个大科，共约 126 属 3995 种植物，其中有 11 个属含有完全菌异养植物。杜鹃花科中的完全菌异养现象一共独立起源了两次：一次在水晶兰亚科中，一次在鹿蹄草亚科中的无叶鹿蹄草（*Pyrola aphylla*）。

水晶兰是多年生草本植物，茎直立，单一不分枝，高 10 ~ 30 厘米。叶鳞片状直立互生。花单一，也是其种加词“*uniflora*”的意思。花生于枝顶部，先下垂，后直立。花冠呈筒状钟形，长 1.4 ~ 2 厘米，直径 1.1 ~ 1.6 厘米。苞片鳞片状，与叶同形；萼片鳞片状，早落；花瓣 5 ~ 6 片，离生，内侧长有密生粗毛；雄蕊 10 ~ 12，花丝有粗毛，花药黄色；子房 5 室；花柱长 2 ~ 3 毫米，柱头膨大呈漏斗状。花期 8 ~ 9 月。

另一种国内常见的水晶兰类植物松下兰，则以形成多花的花序跟单花的水晶兰不同。而且，花的颜色呈浅黄棕色，没有水晶兰那么晶莹剔透，颜值略逊一筹。

作为一种比较常见的菌异养植物，水晶兰类植物也成为研究菌异养植物群落生态的理想材料。

跟通体白色的水晶兰不同，水晶兰的亲戚香味水晶兰（*Monotropsis odorata*）▼植株被褐色如枯叶般的苞片所覆盖，并靠花朵散发出的香味吸引昆虫来传粉和散播种子。这种行为很像是动物里面如枯叶蝶使用的保护色。科学家们猜测香味水晶兰的苞片实际上是对地面上的落叶的拟态，从而保护其免受食草动物的侵害。由于大部分陆生植物都需要叶绿素进行光合作用而呈绿色，所以保护色对这些植物来说并不是一个行得通的策略。但由于异养植物不需要再进行光合作用了，跟绿色植物相比它们就有了更多的颜色选择，它们便可以使用这种绿色植物无法使用的保护色了。为了验证这一保护色机制，科学家们在美国田纳西州进行了为期两年的实验。每年香味水晶兰的繁殖季节到来时，科学家们都会将一部分香味水晶兰的苞片去除，对比摘除所有苞片和保留苞片的植株的被啃食率。果然在摘除苞片之后，由于失去了保护色，香味水晶兰被草食动物啃食的概率提高了27%。科学家们还对比了香味水晶兰苞片和地面落叶的反射系数，结果发现两者非常相近，苞片无法从地面落叶中被区分开。这一结果也证实了香味水晶兰苞片对枯叶的拟态，并起到了保护色作用。

关于菌异养植物的共生演化有一个假说，即当菌异养植物在地下对真菌寄主的选择专一性增强的时候，为了保障生存概率和降低灭绝概率，它们在地上对传粉者的专一性会降低，甚至会倾向于自交。如果在两端都专一化的话，就会大大增加菌异养植物的生存成本，出现找得到合适的寄生真菌，却找不到合适的传粉者的困境，增大其灭绝的概率。这类似于人

►香味水晶兰，可见其被褐色如枯叶般的苞片所覆盖的植株和花朵，由于不需要光合作用，它可以采用植物中罕见的保护色来使自己难以被动物发现而受到啃食。（图自 James Henderson）

择偶的时候，要么倾向于有钱，要么倾向于有颜。非要找既有钱又有颜的，往往就老是找不到合适的，最后就变成“剩男剩女”了。

那么水晶兰族植物是否能够验证这一假说呢？生物学家对水晶兰族

植物的传粉做了细致的观察和统计，结果发现该类植物都特别依赖熊蜂（*Bombus* spp.）作为主要传粉者。水晶兰依赖于熊蜂将花粉传播到同株植物的其他花朵上（同株异花授粉）。香味水晶兰在其花药顶端有一个开孔，花粉包裹在花药囊内。其传粉更是需要熊蜂翅膀的高频振动（振动授粉）。这一研究结果跟上述假说正好相反，水晶兰类植物不仅对传粉昆虫的种类有着专一性，某些种类对传粉的形式也演化出了专一性。

水晶兰类植物这样“既要钱又要颜”的高傲行为，是否预示着它们正走在演化的绝路上呢？它们这种挑三拣四的性格是否最终会导致灭绝呢？我们尚不能得出确切的答案。或许熊蜂的广泛分布还不足以对水晶兰属植物的传粉者选择造成选择压力，它们面临的本就是一个土豪遍布的世界？我们需要在更多的菌异养植物群体上开展传粉生态学的研究，来进一步检验这一假说。

美国水玉杯离奇地出现，又离奇地消失，从此成为美国植物学界的一个传奇性的谜团。

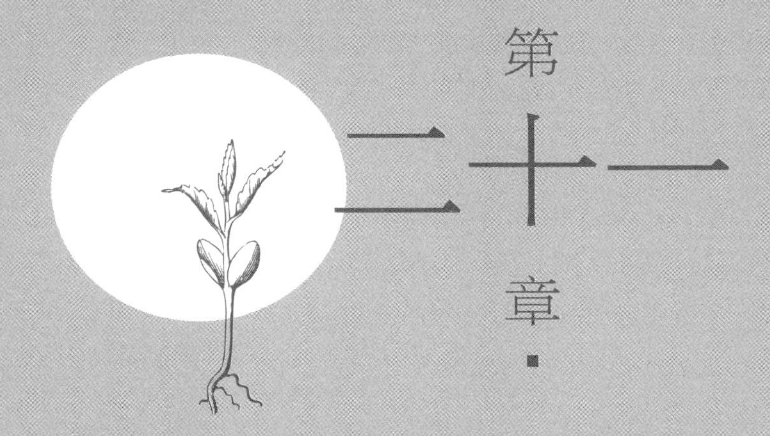

第二十一章

离奇消失的传奇植物——美国水玉杯

1912年8月5日，当时还在芝加哥大学攻读植物学博士学位的诺玛·菲佛，在芝加哥市区靠近119街和托伦斯大道的一片草地中，收集为本科生植物学课准备的苔藓样品。当诺玛小心地将苔藓和落叶拨开时，她看到了一朵指甲盖那么大的白色花。当时的她没有预料到，这次不经意的发现，竟然造就了北美植物学界的一个传奇。

诺玛知道她发现了一种奇特的植物，但发现它到底有多奇特，则耗费了她数年的时间。植物学家是需要耐心的。诺玛花了一整年时间对它的结构进行研究。她在芝加哥大学图书馆查阅了大量文献，发现这株小花属于一个大部分都生长于热带的科，但这个物种还从来没有被人描述过。诺玛发现的小花的顶端像六芒星一样有六根须状物，三根在顶端连接起来，三根向外延伸。花期在7月到9月之间，白色的根系和叶片位于地面下。

诺玛发现的植物美国水玉杯（*Thismia americana*）属于单子叶植物中的薯蓣目（Dioscoreales），水玉杯科（Thismiaceae）。这是一种非常罕见的菌异养小草本，完全缺乏叶绿素，靠寄生在真菌上获得营养。整个水玉杯科植物都是典型的热带植物，整个科中离美国水玉杯最近的亲戚，分布在中美洲的巴拿马。为什么这样一种植物，会在美国如此靠北的地区，且还是市区内出现呢？这就像你在北京的玉渊潭公园看到了一株野生的大花草，实在是一件让人难以置信的事情。

没有人知道为什么热带的水玉杯会出现在那里。有植物学家认为，因为诺玛发现水玉杯的地方临近马路和农场，当年路过的卡车载有来自新西兰的进口绵羊。这些绵羊身上，或许带有新西兰水玉杯的种子，被抖落

►美国水玉杯同属的亲戚（*Thismia rodwayi*），生长于澳大利亚南部和新西兰，其外形和美国水玉杯相似，但相距十万八千里。（图自 Thouny）

在此处萌发了出来，正好被诺玛发现了。也有植物学家怀疑这些种子可能是由长途迁徙的鸟类带来的。但仍有植物学家相信，美国水玉杯可能就是芝加哥本地产的。在冰河期，美国其他地区的水玉杯因为受不了严寒的气候而灭绝。但诺玛发现的水玉杯，则躲在芝加哥相对温暖的这片区域内，幸运地躲过了那场浩劫，存活到了现在。

诺玛在接下来的两年中回到最初发现美国水玉杯的地方，进行了多次采样，对这种植物的形态和生态进行了详细的研究，并据此完成了她的博士论文。诺玛凭借对美国水玉杯的研究获得了她的博士学位，当年她才24岁，是当时在芝加哥大学获得博士学位中最年轻的人。但作为一名20世纪初的女性，她的职业生涯却并不顺利。在找寻教职时她多次受到性别上的歧视。她最后只得离开了芝加哥，去北达科塔大学教授植物学。十年之后她前往纽约的博伊斯汤普森研究所当植物研究员。该研究所拥有大量女性科学家，并为她们提供了更为宽松友好的工作环境。诺玛此后从事百合类植物的繁育研究，一直活到了100岁。她将她的一些水玉杯标本送给了当地博物馆，一些送给了密苏里植物园和德国的标本馆。但在她毕业之后的一个多世纪，再也没有人见到过这种植物了。美国水玉杯离奇地出现，又离奇地消失，从此成为美国植物学界的一个传奇性的谜团。

1948年，一名阿肯色州的植物学老师曾声称他在当地看到过美国水玉杯，但这一发现直到1972年，他去芝加哥当地博物馆的时候才被芝加哥人知晓。博物馆馆长想要联系当地学校帮助再次找到这种植物，最后也没有下文。

诺玛说，1914 年她发现美国水玉杯的地方建起了一个粮仓，但她又在附近的地方发现了一些新的植株。现在该区域已经变成了居民区，很多人觉得由于栖息地的破坏，美国水玉杯已经彻底灭绝了。但芝加哥当地的一些植物学爱好者，却从来没有放弃重新发现美国水玉杯的希望。他们每年夏季都会组织一场名为“水玉杯狩猎”的活动，希望能够再次看到美国水玉杯的倩影。

在“水玉杯狩猎”中，植物爱好者们驱车前往当年诺玛发现水玉杯的地点和环境与其类似的附近地点，以 15 人为一组，6 组人马进行大海捞针一般的地毯式搜索。伴生植物是发现水玉杯的最好线索。诺玛当年描述了 11 种和水玉杯生长在一起的植物。每当看到描述的伴生植物出现的时候，搜索者就会格外小心起来，蹲在地上仔细拨开地表的植被，企图找到水玉杯。然而每次狩猎的结果都是令人失望的，水玉杯从来没有出现过。

虽然从来没有发现过水玉杯，但“水玉杯狩猎”也并非完全没有意义。植物爱好者在这种地毯式的植物搜索中，为当地的植物区系贡献了数十种以前没有发现过的植物。

水玉杯在我国也有分布，局限于广东、云南、香港、台湾等热带地区。2002 年在台湾发现了新种台湾水玉杯（*Thismia taiwanensis*）；2013 年在云南发现了新种贡山水玉杯（*Thismia gongshanensis*）；2015 年 2 月 4 日，香港研究者发表了在大埔滘自然保护区发现的新种香港水玉杯（*Thismia hongkongensis*）。但都只是惊鸿一瞥，没有大规模发现的报道。

大家要是有幸在野外看到这类植物，一定要记得拍照并联系植物学家，说不定还是一个震惊世界的大发现哦！

腐生植物就是这样如同鬼魅一般的存在。当代研究表明，跟美国水玉杯亲缘关系最近的水玉杯分布在大洋洲和中国台湾。它到底灭绝没有呢？我们谁都不知道。因为也有生物在一百多年后才被人发现的报道。所以或许某一天，在某个植物爱好者自家的后院里，孩子在玩耍时不经意拨开了一丛小草，就能看到它的倩影。

在裸子植物中，只生长在新喀里多尼亚岛上的寄生陆均松，则是唯一有可能进行菌异养生活的植物。

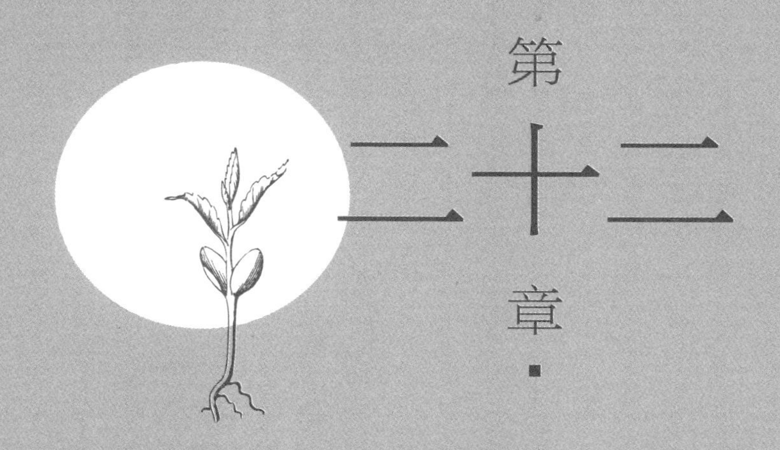

第二十二章

寄生还是菌异养？
——唯一的异养裸子植物寄生陆均松

前面提到的各种菌异养植物都属于被子植物，被子植物中有10个科拥有菌异养植物，一共约515种。但其实在植物界中，不光是被子植物，其他各类陆生植物也都演化出了菌异养现象。苔类植物大约有8000种，很多苔类的配子体会跟一些内生真菌共生，但这种共生关系并未在孢子体中发现。在众多苔类植物中，人们只发现了一种绿片苔（*Aneura mirabilis*）是完全菌异养植物。这种绿片苔分布在格陵兰岛和欧洲，生长于泥炭藓丛生的沼泽表面下20厘米处。在这一幽暗的环境中，光合作用几乎无法发生。它们靠从与其共生的胶膜菌（*Tulasnella*）身上获取营养来维持生存。所有的绿片苔都跟担子菌及胶膜菌共生，而且绿片苔也是唯一会跟担子菌以及胶膜菌共生的苔类。

蕨类和石松类植物的生活史存在世代交替现象，分为配子体世代和孢子体世代。苔藓类植物以配子体世代占主导，蕨类和石松类植物则以孢子体世代占主导。我们看到的蕨类都是其孢子体。其叶片的背面在繁殖季节会产生大量集合成群的孢子囊。孢子囊中的孢子母细胞经过减数分裂，形成单倍体的孢子。成熟后的孢子从孢子囊中散出，在潮湿土壤上萌发，长成扁平心脏形的单倍体配子体，成为原叶体。原叶体在短暂生长之后就会产生颈卵器和精子器，在有雨水的情况下，精子器中的精子游入颈卵器与卵细胞结合形成受精卵。受精卵分裂形成胚，在原叶体上生长，吸取原叶体的营养，最终长成独立的孢子体，原叶体不久就凋亡了。

大部分蕨类和石松类的配子体及原叶体，具有叶绿素，可以进行光合作用。但有一些蕨类和石松类植物的原叶体是没有叶绿素的，且生长在地下，需要跟丛枝菌根类真菌共生，并靠真菌提供营养。这一现象大量出现在石松科植物中，以及一些原始蕨类类群，如瓶尔小草科和松叶蕨科植物，以及里白科和莎草蕨科的一些蕨类。它们跟兰科植物一样，在生活史初期进行菌异养生活，但在长出绿叶之后就会进行光合作用，不再进行菌异养生活。但是在蕨类和石松类植物中，我们目前还没有发现完全菌异养植物。

而在裸子植物中，只生长在新喀里多尼亚岛上的寄生陆均松，则是唯一有可能进行菌异养生活的植物。

新喀里多尼亚是法国在太平洋西南部的一个海外属地，位于南回归线附近，占地 18576 平方公里。新喀里多尼亚不算大，却一直吸引着全世界动植物学家的目光，因为它是地球上绝无仅有的“挪亚方舟”。新喀里多尼亚是世界上每平方公里生物多样性最高的地方。该地区 3332 种植物中，竟然有 2551 种都是当地特有的。新喀里多尼亚不仅有很多当地特有属，甚至还有当地特有科。尤其是最为人瞩目的世界上最早分化出的被子植物——互叶梅（*Amborella trichopoda*），就只生长在该地区。互叶梅科互叶梅属互叶梅，只此一家，“别无分店”。该地区的 44 个原生裸子植物属，有 43 个都是当地特有的。这其中就包括我们的主角，目前已知唯一的异养裸子植物——寄生陆均松（*Parasitaxus usta*）。

寄生陆均松是罗汉松科植物，自成一属。罗汉松科共 9 属约 180 种植物，广布于南半球，向北分布到墨西哥、西印度、东非和日本。寄生陆均松只生长在新喀里多尼亚偏远地区的密林中。植株高约 1.5 米，有着肉质酒红色到紫色的鳞片状叶。寄生陆均松缺乏根，茎直立，大量分枝条，从宿主的根部或茎干下部长出。叶片密集，鳞片状。寄生陆均松总是跟另一罗汉松科植物——新喀里多尼亚陆均松（*Falcatifolium taxoides*）的根系联系在一起。但最近的分子系统学研究显示，跟寄生陆均松亲缘关系最近的并不是新喀里多尼亚陆均松，而是澳大利亚塔斯马尼亚岛特有的泪柏（*Lagarostrobos franklinii*）和新西兰特有的新西兰陆均松（*Manoao colensoi*）。

围绕寄生陆均松的异养方式有着很多谜团，有的学者认为它是寄生植物，有的学者认为它是菌异养植物。寄生陆均松体内其实是含有叶绿素的，但研究者却无法检测到光合作用电子传递信号。1994 年的一项研究发现，寄生陆均松的寄生吸器穿透寄主的形成层，形成丛生系统。但寄主和寄生物都被一种丛枝菌根真菌感染，显示出寄生陆均松的寄生行为似乎又跟菌异养相关。

而 2005 年更详细的研究则显示，寄生陆均松有着跟已知寄生植物都不相同的寄生方式。碳同位素检测显示新喀里多尼亚陆均松的碳是通过真菌传递到寄生陆均松的。寄生陆均松实际上是以一种菌异养的方式寄生在新喀里多尼亚陆均松上的。

目前我们关于寄生陆均松的生活史详情还知之甚少，亟需进一步的研究。但它可能为我们提供了一种全新的，将寄生和菌异养方式结合在一起的异养方式。

寄生陆均松，新喀里多尼亚特有。我们对它特别的寄生 / 菌异养行为还知之甚少，亟需进一步研究。（小铖绘）

第一次见面时，甚至都还不知道名字，只注意到它的娉娉婷婷，见识到它在昏暗的不为人知的角落，透着光线一般，干净，不食人间烟火。

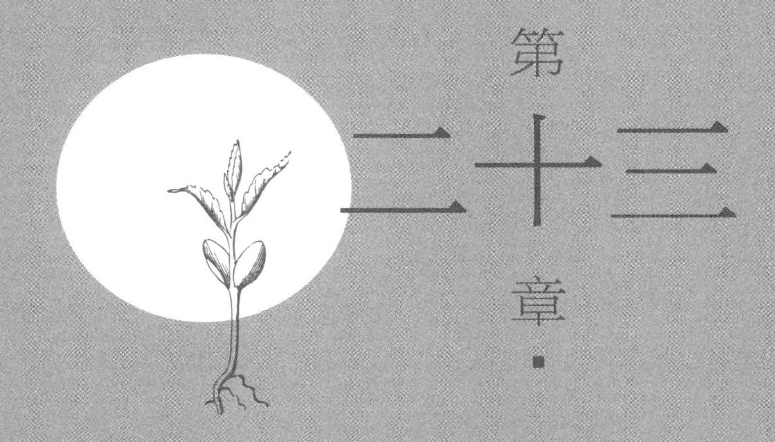

第二十三章

寻访国产珍稀幽灵之花——杯药草

身段纤瘦，苍白到光线能够穿透的躯体，支撑了极精致的面容。若是提及更加私密的身躯，同样通透而带着几分明艳，那是它不似人间的唇瓣和花蕊。熹微的光线都极少触及的影子底下，温暖而潮湿的空间里，它绽放着，身躯甚至不曾沾染别的遮掩。

仅仅是真实的描述，就足以让人迷醉于它的肉体，而更加令人无可自拔的，是它比风还要难以寻觅的踪迹。它是它身边的一切的附庸，却又不是任何一切的附庸；它应该出现在故事中，在童话里，在某个虚拟的不曾出现的时空，唯独不该出现在浊气十足的人间。

你很难不被这样的生灵吸引。

第一次见面时，甚至都还不知道名字，只注意到它的娉娉婷婷，见识到它在昏暗的不为人知的角落，透着光线一般，干净，不食人间烟火。

即使不是奇女子，它也让人一见钟情。

它是尘埃里凭空开出的花，看得见的卑微，看不见的欢喜。

当同行的前辈在林下寻找到它，旁边碧绿青葱像是沿阶草的植物，让他误认为，这一株伸出来的花葶，大概正是所谓“沿阶草”开放的花。而跟在后面的我，在矮一点的坡地，遇见一株周遭什么都没有的花，看不见它的叶，看不见球茎或是别的什么，甚至看不到一丝绿色。

我开始意识到，连绵阴雨之后第一个晴天的山野之行，收获比想象的要多太多——这一定是一株寄生或者腐生植物，可遇不可求，可望不可即。

但凡异养植物，自从走上了不用叶绿体自食其力，而要寻求其他的食物来源这条特立独行的路，总会显得有些妖异的气质：颜色可以不要，叶子可以不要，枝干可以不要，只凭一朵花，一枝花葶，只要有办法生存和繁衍，一切繁杂都可舍弃。

所以这一类奇异的生灵，总带着极简主义的画风，而寥寥数笔勾勒之下，是不需要艳丽和繁复来修饰的气质。“出淤泥而不染”，在它们的故事里，这样的对比，绝不比莲花差上半分。

我一直不算与异养植物有缘，迄今也不过见过三两种，蛇菰、松下兰，都是并不算稀罕的东西，而其他的即便是常见种类都不曾相逢。此次遇见，

林下的杯药草（*Exacum paucisquamum*），没有叶片，一枝素色的花遗世独立，简约却充满了魅力。（小铖摄）

实在不曾怀着一丝希冀，更显得喜出望外。

所以它究竟是谁呢？

杯药草，学名 *Exacum paucisquamum*，龙胆科极少数的异养成员之一。龙胆科有超过 1650 种植物，隶属于 92 个属。而其中有 25 种植物是没有叶绿素的完全菌异养植物，并分布在 4 个属。其中 3 个属的成员都只出现在非洲和美洲的热带地区，亚洲分布的只有藻百年属一属。杯药草曾经是杯药草属（*Cotylanthera*）的成员，杯药草属一共 5 种植物，皆为产自亚洲热带的完全菌异养小草本植物，其分布区域从尼泊尔、不丹，通过中国南部，一直延伸到中南半岛、印度尼西亚、菲律宾和新几内亚，中国境内只发现有杯药草一种。当代分子系统学研究发现，杯药草属属于藻百年属，所以该属后来被归并入藻百年属（也叫紫芳草属）。 藻百年属一共有 68 种植物，以非洲南部的马达加斯加岛和印度南部及斯里兰卡为分布中心，只有少数分布到阿拉伯半岛和东南亚。除了原属于杯药草属的 5 种植物以外，藻百年属的其他成员都是正常进行光合作用的非异养植物，而中国境内则分布有杯药草的两种绿色亲戚——藻百年（*Exacum tetragonum*）和云南藻百年（*Exacum teres*），前者产于广东、广西、贵州、江西和云南，后者只产于云南，也都是并不十分常见的野生植物。

同一属中既有正常进行光合作用的自养植物，也有完全进行异养生活的菌异养植物，是很少见的事。杯药草是怎样从它们的绿色祖先那里，一步一步逐渐丢失光合作用的能力，开始进行菌异养生活的呢？这也引起了科学家们的好奇心。但由于杯药草神出鬼没，数量稀少，我们也很难得到它的材料进行详细的研究。而中国产的双子叶菌异养植物，除了大家比较能够常看到的杜鹃花科的水晶兰和松下兰之外，就只剩下两种植物：一种是龙胆科的杯药草，另一种是远志科的寄生鳞叶草（*Epirixanthes elongata*），也分布在福建、海南和云南的热带地区。

龙胆科本就是极为精巧的美丽花朵聚集的家族，初见杯药草时并未联想到它的归属，只觉得其花药神似野牡丹科的类群，长而尖，并且是金黄色，只是从来没有一点这一类群中存有异端的印象。询问高手，才确定其姓名，陆续得知更多的身份信息。

而关于它的踪迹，空间距离最近的报道，发生在更加南面的香港——2012年，那里出现过它的踪迹。其他的产区，则是西藏、云南、四川；有人在贵州也拍到过，都是在海拔不算低的山区。而这一次，正因为以前都没有过报道，从未有过期待，甚至不曾听闻这样一种生灵，匆匆撞见，一见难忘。

帮做异养植物研究的好友采集一株，用于科研，方才知晓它根系纤弱，捧在手中，像是捧着少女的心。盛放的花，十字形的萼和交错十字的浅紫色的瓣，四枚金黄色柳叶形的药，纤细修长的柱头，都支撑于瘦削如豆芽，却有着成对鳞片状透明叶片的茎秆之上。

带回来的路上，友人本将它装在瓶中，回家却突然消失不见，急煞人也。我倒是不算着急，十有八九落在车上，第二天找前辈开车门寻一寻便是。果然，一夜之间失而复得，忍不住再摆拍几张，算是在用硅胶将其封印之前，留下它最后的亮色。

与你我一道穿越了无数的时光才得以留存于世间，化作绚烂的夏花，它就在那里。

只是不知道这辈子能否再次沉醉于它遗世独立的身影。

它曾沉睡在我的手心里，这是没有多少人拥有的幸福和幸运。

▶ 杯药草的植株，通体没有一丝绿色，如同玉雕的簪子一般，晶莹剔透，在光下熠熠生辉

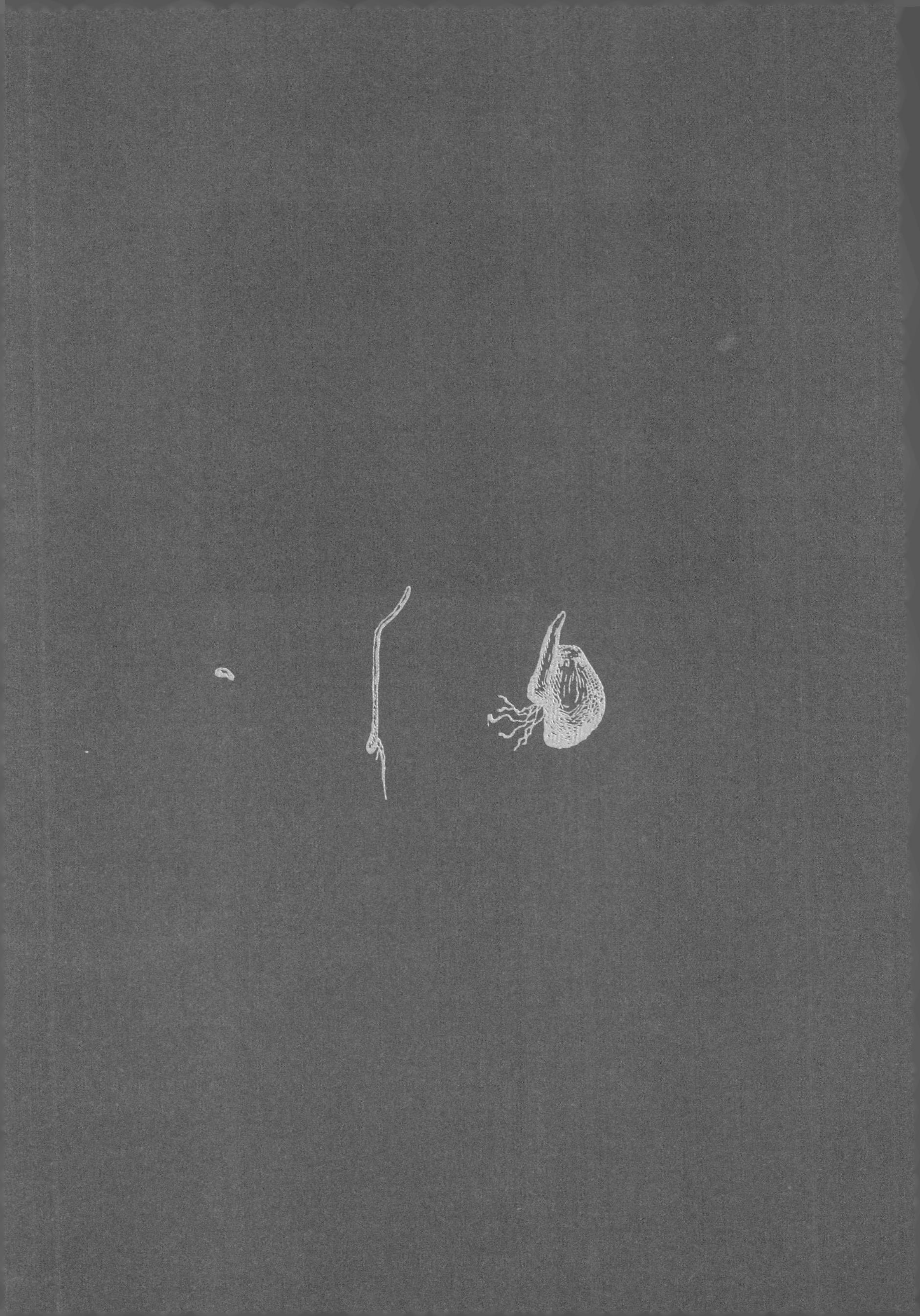

后记

这本书是在我为“知乎一小时”出版计划所写的小书《进击的植物》基础上的扩写。作为一个知乎“不活跃”用户，当时收到知乎出版计划邀请的时候是受宠若惊的。我其实是一个不善于也不太有欲望跟他人交流的人，也习惯了一个人闷着头做科研、读书、看电影、做饭的博士生生涯，甚至可以一整天不说一句话。但当我做研究读文献的时候，往往能够看到很多有意思的研究，那些光怪陆离的生命形式，一次次地刷新着我们对大自然的认知，拓展了我们对生命的理解。每当我看到这些自然界奇趣的时候，在自己拍案叫绝之余，也希望跟更多的人分享我的喜悦之情。特别是学术界以外的人，可能很难有机会及时了解到生物学研究最前沿的激动人心的发现和动向。独乐乐不如众乐乐，这就是我上知乎的原始动机，虽然答的题很少，但每答一道题，都要花去好几个小时自己查文献，再花点时间自己消化一下，含英咀华，从海量的信息中提取出最激动人心的部分来，组织一下语言看怎样才能通俗易懂地讲给大家听，最后才是花两三个小时写回答。所以每答一道题，都花去了我不少的时间和精力，每次答完都像跑了几十公里马拉松一样疲惫。然而想到我的这点微薄贡献能够为大家，特别是为非专业人士提供学界最前沿的资讯，让他们也感受到我面对新知识时的喜悦之情，我就觉得这些辛苦也是值得的了。

我们这一代很多人都是看《动物世界》和《人与自然》长大的，很难不对那里面神奇而有趣的生命形式产生兴趣，拍案叫绝。作为一个专门研究神奇植物的演化生物学博士，我更是亲身投入到了研究这些奇特生物的第一线。写这一本小书的目的，首先当然是为大家展示那些平时很少出现在大众视野内，还不太为人所知的奇异植物，来满足大家的好奇心。但我并不满足于仅仅停留在猎奇的程度。实际上，当我们对这些奇异植物仔细展开研究时，它们所能给我们提供的演化生物学上的不可多得的新认识，才是更有趣的。通过这些奇异植物，我们对生命形式和生物的相互作用有了崭新的认识，从中提出并证明了很多演化生物学上的假说，有些假说甚至可以追溯到达尔文时期。演化生物学家像弄潮儿一样，在一个又一个奇异植物形成的浪尖获得巅峰体验，我也很希望能够跟大家分享这些巅峰体验，在猎奇之余感受到科学研究的魅力。所以写这本书的初衷，是以奇异植物为窗口，为大家打开一个了解演化生物学研究最前沿动向和成果的窗口，以自己的绵薄之力，在大众和演化生物学研究之间架上一座桥梁。

这本书的成书过程也是坎坷的。当知乎联系上我时，我很爽快地答应了。但后面才发现，获得各种奇异植物图片的版权倒成了最令人头疼的事。由于很多奇异植物都生长在人迹罕至的海外，尤其是热带雨林地区，植物照片的版权就很成问题。而这本书恰恰又需要大量生动美观的照片来体现这些植物非同凡响之处，无法使用照片使我一度想要放弃。最终幸得知乎编辑的提议，我联系上了同样是知乎植物区活跃答主、植物鉴定专家小铖，委托他帮我进行手绘图，他也欣然同意了，让我万分感激。没有小铖的帮助，这本书是完成不了的。手绘图的效果也大大出乎了我的意料，不仅完美展示出了各种植物的奇特之处，在表现某些解剖细部和对不同的异养植物进行比较时，还有着实物图无可比拟的优点，实在是让我喜出望外。另外还要感谢另一知乎答主林业杰提供的精美照片，也让我得以展示出异养植物无与伦比的美，为这本书锦上添花。

感谢知乎和出版方为我提供了这么一个平台，在普通读者和奇异植物跟演化生物学之间架起一座沟通的桥梁。最后也要感谢各位充满好奇心的读者，如果你们能够跟我一样，感受到这些植物的神奇之处和演化生物学研究的魅力，我尽绵薄之力所想要的目的也就达到了。

而跟“知乎一小时”相比，这本书差不多是前者三倍以上的篇幅。除了扩写了之前的篇章，加入了很多更详细的描写和资讯以外，还加入了大量新撰写的篇幅以飨读者，希望能为读者展现出这些奇妙植物更完整的世界。同时也要感谢橙子夏 2013 提供的诸多精美的肉食植物的照片。我在撰写这本书时，正好好友小铖同学在广东采到了神出鬼没的罕见菌异养植物杯药草，这也是广东的首次杯药草采集记录。激动之余，我赶紧让他帮我收集了一些来之不易的植物样本以供研究。顺便也请他写就了本书的最后一章，介绍了一下他采集到杯药草的不同寻常的经历，也跟各位读者分享一下我们的激动心情。

参考文献

* 芮孔明，杨新华 . 2009. 天麻栽培与加工技术 . 农友之家，278: 50-51.

* 王晓晨，徐庆，陈章良 . 1999. 天麻中一种抗真菌蛋白基因的克隆 . 植物学报，41:1041-1045.

* 徐锦堂，兰进 . 2001. 天麻的营养繁殖茎及其抑菌功能 . 植物学报，43: 348-353.

* Anderson B, Midgley JJ. 2002. It takes two to tango but three is a tangle: mutualists and cheaters on the carnivorous plant *Roridula*. *Oecologia* 132: 369-373.

* Anderson B, Midgley JJ. 2007. Density-dependent outcomes in a digestive mutualism between carnivorous *Roridula* plants and their associated hemipterans. *Oecologia* 152: 115-120.

* Atwater DZ, et al. 2006. Spatial distribution and impacts of moth herbivory on northern pitcher plants. *Northeastern Naturalist* 13: 43-56.

* Averyanov LV, et al. 2014. Checklist of mycoheterotrophic species of the genus *Exacum* (Gentianaceae) and new species, *E. zigomorpha*, from northern Vietnam. *Phytotaxa* 183: 108-113.

* Barlow BA & Wiens D. 1977. Host-parasite resemblance in Australian mistletoe: the case for cryptic mimicry. *Evolution* 31: 69-84.

* Barrett CF, Freudenstein JV, Li J, Mayfield-Jones DR, Perez L, Pires JC, Santons C. 2014. Investigating the path of plastid genome degradation in an early-transitional clade of heterotrophic orchids, and implications for heterotrophic angiosperms. *Molecular biology and evolution* 31: 3095-3112.

* Barthlott W, et al. 1998. First protozoa-trapping plant found. *Nature* 392: 447.

* Barthlott W, et al. 2007. The curious world of carnivorous plants: a comprehensive guide to their biology and cultivation. Portland [OR]: Timber Press.

* Beaver RA. 1985. Geographical variation in food web structure in *Nepenthes* pitcher plants. *Ecological Entomology* 10:241-248.

* Bolin JF, et al. 2009. Pollination biology of *Hydnora Africana* Thunb. (Hydnoraceae) in Namibia: brood-site mimicry with insect imprisonment. *International Journal of Plant Science* 170: 157-163.

* Bidartondo MI. 2005. The evolutionary ecology of mycoheterotrophy. *New Phytologist* 167: 335-352.

* Bidartondo MI, et al. 2003. Specialized cheating of the ectomycorrhizal symbiosis by an epiparasitic liverwort. *Proceedings of the Royal Society Lond B* 270:835-842.

* Bowman JL, et al. 1991. Genetic interactions among floral homeotic genes. *Development* 112: 1-20.

* Bringmann G et al. 1998. The Alkaloids of *Triphyophyllum peltatum* (Dioncophyllaceae). *Chimia* 52: 18-28.

* Buchmann SL. 1983. Buzz pollination in angiosperms. In: Jones CE, Little RJ (eds) Handbook of experimental pollination biology. S. & E. Scienti fi c and Academic Editions, New York, pp 73-113.

* Burger AE. 2005. Dispersal and germination of seeds of *Pisonia grandis*, an Indo-Pacific tropical tree associated with insular seabird colonies. *Journal of Tropical Ecology* 21: 263-271.

* Caio GP, et al. 2012. Underground leaves of *Philcoxia* trap and digest nematodes. *Proceedings of the National Academy of Sciences of the United States of America* 109: 1154-1158.

* Chase MW, et al. 2009. Murderous plants: Victorian Gothic, Darwin and modern insights into vegetable carnivory. *Botanical Journal of the Linnean Society* 161: 329-356.

* Chin L, et al. 2010. Trap geometry in three giant montane pitcher plant species from Borneo is a function of tree shrew body size. *New Phytologist* 191: 545-554.

* Christensen K. 1976. The role of carnivory in *Sarracenia flava* L. with regard to specific nutrient deficiencies. *Journal of the Elisha Mitchell Scientific Society* 92: 144-147.

* Clarke CM & Kitching RL. 1993. The metazoan food-webs from six Bornean *Nepenthes* species. *Ecological Entomology* 18:7-16.

* Darnowski DW, et al. 2006. Evidence of protocarnivory in triggerplants (*Stylidium* spp.; Stylidiaceae). *Plant biology* 8: 805-812.

* Davis CC, et al. 2008. The evolution of floral gigantism. *Current Opinios in Plant Biology* 11: 49-57.

* Davis CC, Xi Z. 2015. Horizontal gene transfer in parasitic plants. *Current Opinion in Plant Biology* 26: 14-19.

* de Vega C, et al. 2008. Genetic races associated with the genera and sections of host species in the holoparasitic plant *Cytinus* (Cytinaceae) in the Western Mediterranean basin. *New Phytologist* 178: 875-887.

* de Vega C, et al. 2009. The ant-pollination system of *Cytinus hypocistis* (Cytinaceae), a Mediterranean root holoparasite. *Annals of Botany*103: 1965-1075.

* Ehleringer JR et al. 1986. Mistletoes - a hypothesis concerning morphological and chemical avoidance of herbivory. *Oecologia* 70: 234-237.

* Ellis AG & Midgley JJ. 1996. A new plant-animal mutualism involving a plant with sticky leaves and a resident hemipteran insect. *Oecologia* 106:478-481.

* Fasing NJ. 1981. Arthropod associated of the cobra lily (*Darlingtonia californica*). *Virginia Journal of Science* 32:92.

* Feild TS, Brodribb TJ. 2005. A unique mode of parasitism in the conifer coral

tree *Parasitaxus ustus* (Podocarpaceae). *Plant, Cell and Environment* 28: 1316-1325.

* Gibson CC & Watkinson AR. 1989. The host range and selectivity of a parasitic plant: *Rhinanthus minor* L. *Oecologia* 78: 401-406.

* Grafe, et al. 2011. A novel resource-service mutualism between bats and pitcher plants. *Biology Letters* 7:436-439.

* Green S, et al. 1979. Seasonal heterophylly and leaf gland features in *Triphyophyllum* (Dioncophyllaceae), a new carnivorous plant genus. *Botanical Journal of the Linnean Society* 78:99-116.

* Hanslin HM & Karlsson PS. 1996. Nitrogen uptake from prey and substrate as affected by prey capture level and plant reproductive status in four carnivorous plant species. *Oecologia* 106: 370-375.

* Heide-Jørgensen H. 2008. *Parasitic Flowering Plants*. Brill, The Netherlands.

* Heslop-Harrison Y & Knox RB. 1971. A cytochemical study of the leaf-gland enzymes of insectivorous plants of the genus *Pinguicula*. *Planta* 96: 183-211.

* Joel DM, et al. 1985. Ultraviolet patterns in the traps of carnivorous plants. *New Phytologist* 101: 585-593.

* Juniper BE et al. 1989. *The Carnivorous Plants*. Academic Press Limited, San Diego.

* Jurgens A, et al. 2012. Pollinator-prey conflict in carnivorous plant. *Biological Reviews* 87: 602-615.

* Kamienski F. 1882. Les organs v é g é tatifs du *Monotropa hypopitys* L. *M é moires de la Soci é t é Nationale des Sciences Naturelles et Math é matiques de Cherbourg* 24:5-40.

* Kelly CK, et al. 1988. Host specialization in *Cuscuta costaricensis*: An assessment of host use relative to host availability. *Oikos* 53: 315-320.

* Klooster MR, et al. 2009. Cryptic bracts facilitate herbivore avoidance in the mycoheterotrophic plant *Monotropsis odorata* (Ericaceae). *American Journal of Botany* 96: 2197-2205.

* Kujit J. 1969. *The Biology of Parasitic Flowering Plants*. University of California Press, Berkeley.

* Li H-Q & Bi Y-K. 2013. A new species of *Thismia* (Thismiaceae) from Yunnan, China. *Phytotaxa* 105:25-28.

* Lloyd FE. 1942. *The Carnivorous Plants*. Chronica Botanica, Waltham, Mass.

* Mar SS & Saunders R. 2015. *Thismia hongkongensis* (Thismiaceae): a new mycoheterotrophic species from Hong Kong, China, with observations on floral visitors and seed dispersal. *PhytoKeys* 46:21-33.

* Loveys BR, et al. 2001. Transfer of photosynthate and naturally occurring insecticidal compounds from host plants to the root hemiparasite *Santalum acuminatum* (Santalaceae). *Australian Journal of Botany* 49: 9-16.

* Marko MD & Stermitz FR. 1997. Transfer of alkaloids from *Delphinium* to *Castilleja*

via root parasitism. Norditerpenoid alkaloid analysis by electrospray mass spectrometry. *Biochemical Systematics and Ecology* 25: 279-285.

* Marvier MA. 1998. A mixed diet improves performance and herbivore resistance of a parasitic plant. *Ecology* 79: 1272-1280.

* Merbach MA, et al. 1999. Giant nectaries in the peristome thorns of the pitcher plant *Nepenthes bicalcarata* Hooker f. (Nepenthaceae): anatomy and functional aspects. *Ecotropica* 5: 45-50.

* Merbach MA, et al. 2001. Patterns of nectar secretion in five *Nepenthes* species from Brunei Darussalam, north-west Borneo, and implications for ant-plant relationships. *Flora* 196: 153-160.

* Merbach MA, et al. 2002. Mass march of termites into deadly trap. *Nature* 415:36-37.

* Merckx V. 2013. Mycoheterotrophy, the biolgy of plants living on fungi. Berlin, Germany: Springer.

* Merckx VSF & Smets EF. 2014. *Thismia americana*, the 101st anniversary of a botanical mystery. *International Journal of Plant Sciences* 175: 165-175.

* Moran JA, et al. 2001. Termite prey specialization in the pitcher plant *Nepenthes albomarginata* – evidence from stable isotope analysis. *Annals of Botany* 88: 307-311.

* Moran JA, et al. 2003. From carnivore to detritivore? Isotopic evidence for leaf litter utilization by the tropical pitcher plant *Nepenthes ampullaria*. *International Journal of Plant Sciences* 164: 635-639.

* Moran JA, et al. 2012. Tuning of color contrast signals to visual sensitivity maxima of tree shrews by three Bornean highland *Nepenthes species*. *Plant Signaling & Behavior* 7: 1267-1270.

* Musselman LJ & Press MC. 1995. *Introduction to parasitic plants*. In: Press, MC, Graves, JD, eds. Parasitic Plants. London, UK: Chapman & Hall.

* Naumann J, et al. 2016. Detecting and Characterizing the highly divergent plastid genome of the nonphotosynthetic parasitic plant *Hydnora visseri* (Hydnoraceae). *Genome Biology & Evolution* 8:345-363.

* Nelsen DW. 1990. Arthropod communities associated with *Darlingtonia californica*. *Annals of the Entomological Society of America* 83: 189-200.

* Nikolov LA, et al. 2013. Developmental origins of the world largest flowers, Rafflesiaceae. *Proceedings of the National Academy of Sciences of the United States of America* 110: 18578-18583.

* Nikolov LA, et al. 2014. Holoparasitic Rafflesiaceae possess the most reduced endophytes and yet give rise to the world's largest flowers. *Annal of Botany* 114:223-242.

* Norton DA & Carpenter MA. 1998. Mistletoes as parasites: host specificity and speciation. *Trends in Ecology and Evolution* 13: 101-105.

* Ogura-Tsujita Y, et al. 2009. Evidence for novel and specialized mycorrhizal parasitism: the orchid *Gastrodia confusa* gains carbon from saprotrophic *Mycena*. *Proceedings of the Royal Society Lond B* 22:761-767.

* Pavlovic A, et al. 2011. Nutritional benefit from leaf litter utilization in the pitcher plant *Nepenthes ampullaria*. *Plant, Cell & Environment* 34: 1865-1873.

* Plachno BJ, et al. 2007. Functional ultrastructure of *Genlisea* (Lentibulariaceae) digestive hairs. *Annals of Botany* 100: 195-203.

* Press MC. 1998. Dracula or Robin Hood? A functional role for root hemiparasites in nutrient poor ecosystems. *Oikos* 82: 609-611.

* Press MC & Phoenix GK. 2005. Impacts of parasitic plants on natural communities. *New Phytologist* 166: 737-651.

* Puustinen S & Mutikainen P. 2001. Host – parasite – herbivore interactions: Implications of host cyanogenesis. *Ecology* 82: 2059-2071.

* Rees WA, Roe NA. 1978. *Puya raimondii* (Pitcairnioideae, Bromeliaceae) and birds: an hypothesis on nutrient relationships. *Canadian Journal of Botany* 58: 1262-1268.

* Robins RJ. 1978. Studies in secretion and absorption in *Dionaea muscipula* Ellis. Ph.D. dissertation, University of Oxford.

* Ross TG, et al. 2016. Plastid phylogenomics and molecular evolution of Alismatales. *Cladistics* 32: 160-178.

* Schnell DE. 2002. *Carnivorous Plants of the United States and Canada*. 2nd ed. Timber Press, Portland, Ore.

* Schulze ED, et al. 1991. The utilization of nitrogen from insect capture by different growth forms of *Drosera* from southwest Australia. *Oecologia* 87: 240-246.

* Smith SE & Read DJ. *Mycorrhizal Symbiosis*. Academic, London, UK.

* Sinclair WT, et al. 2002. Evolutionary relationships of the New Caledonian heterotrophic conifer, *Parasitaxus usta* (Podocarpaceae), inferred from chloroplast *trnL-F* intron/spacer and nuclear rDNA ITS2 sequences. *Plant Systematics and Evolution* 233: 79-104.

* Sorrenson DR & Jackson WT. 1968. The utilization of *Paramecia* by the carnivorous plant *Utricularia gibba*. *Planta* 83: 166-179.

* Sydenham PH & Findlay GP. 1973. The rapid movements of the bladder of *Utricularia* sp. *Australian Journal of Biological Sciences* 26:1115-1126.

* Sydenham PH & Findlay GP. 1975. Transport of solutes and water by resetting bladders of *Utricularia*. *Australian Journal of Biological Sciences* 2: 335-351.

* Tennakoon KU, et al. 2007. Structural attributes of the hypogeous *holoparasite Hydnora triceps* Drege & Meyer (Hydnoraceae). *American Journal of Botany* 94: 1439-1449.

* Wallace GD. 1977. Studies of the Monotropideae (Ericaceae). Floral nectaries: anatomy and function in pollination ecology. *American Journal of Botany* 64: 199-206.

* Waterman RJ, Bidartondo MI. 2008. Deception above, deception below: linking pollination and mycorrhizal biology of orchids. *Journal of Experimental Botany* 59:

1085-1096.

* Woltz PRA, et al. 1994. Interspecific parasitism in the gymnosperms: unpublished data on two endemic New Caledonian Podocarpaceae using scanning electron microscopy. *Acta Botanica Gallica* 141:731-746.

* Xi Z, et al. 2012. Horizontal transfer of expressed genes in a parasitic flowering plant. *BMC Genomics* 13: 227.

* Yang SZ, et al. 2002. *Thismia taiwanensis* sp. nov. (Bumanniaceae Tribe Thismieae): First record of the Tribe in China. *Systematic Botany* 27:485-488.

* Zhang DX, et al. 1999. *Corsiopsis chinensis* gen. et ap. nov. (Corsiaceae): first record of the family in Asia. *Systematic Botany* 24: 311-314.

* Yuan YM, et al. 2003. Monophyly and relationships of the tribe Exaceae (Gentianaceae) inferred from nuclear ribosomal and chloroplast DNA sequences. *Molecular Phylogenetics and Evolution* 28: 500-517.

网络图片引用来源：

眼镜蛇草 *Darlingtonia californica*
By Picture taken by: NoahElhardt - Own work, CC BY 2.5, https://commons.wikimedia.org/w/index.php?curid=656090

太阳瓶子草 *Heliamphora chimantensis*
By Andreas Eils - own work by Andreas Eils, CC BY-SA 3.0, https://commons.wikimedia.org/w/index.php?curid=1671989

瓶子草 *Sarracenia* spp.
By NoahElhardt - Own work, CC BY-SA 3.0, https://commons.wikimedia.org/w/index.php?curid=809129

土瓶草 *Cephalotus follicularis*
By Holger Hennern - Own work, CC BY-SA 3.0, https://commons.wikimedia.org/w/index.php?curid=4029558

粘虫草 *Drosophyllum lusitanicum*
By Taken by Carsten Niehaus (user:Lumbar). - Taken by Carsten Niehaus (user:Lumbar)., CC BY-SA 3.0, https://commons.wikimedia.org/w/index.php?curid=40519

白环猪笼草 *Nepenthes albomarginata*
By Vincent Bazile. CC BY-SA 3.0
https://commons.wikimedia.org/wiki/File:Nepenthes_albomarginata_with_trichomes_cropped.jpg
https://commons.wikimedia.org/wiki/File:Nepenthes_albomarginata_without_trichomes_cropped.jpg#/media/File:Nepenthes_albomarginata_without_trichomes_cropped.jpg

鹦鹉瓶子草 *Sarracenia psittacina*
By Kurt Stüber [1] - caliban.mpiz-koeln.mpg.de/mavica/index.html part of www.biolib.de, CC BY-SA 3.0, https://commons.wikimedia.org/w/index.php?curid=7617

捕虫树 *Roridula gorgonias*
By Polypompholyx at the English language Wikipedia, CC BY-SA 3.0, https://commons.wikimedia.org/w/index.php?curid=3166519

黑翅地鸠 *Metriopelia melanoptera*

By Gary L.Clark - Own work, CC BY-SA 4.0, https://commons.wikimedia.org/w/index.php?curid=45174709

无刺藤 *Pisonia grandis*

By Forest & Kim Starr, CC BY 3.0, https://commons.wikimedia.org/w/index.php?curid=6186100

马来王猪笼草 *N. rajah*

By Ch'ien Lee - Greenwood, M., C. Clarke, C.C. Lee, A. Gunsalam & R.H. Clarke 2011. A unique resource mutualism between the giant Bornean pitcher plant, Nepenthes rajah, and members of a small mammal community. PLoS ONE 6(6): e21114. doi:10.1371/journal.pone.0021114, CC BY 2.5, https://commons.wikimedia.org/w/index.php?curid=17947374

螺旋狸藻 *Genlisea subglabra*

By Rosťa Kracík - http://www.darwiniana.cz/vamr/?page=obrazek&id=197, CC BY 3.0 cz, https://commons.wikimedia.org/w/index.php?curid=8789512

貉藻 *Aldrovanda vesiculosa*

By Denis Barthel
CC BY-SA 3.0, https://commons.wikimedia.org/w/index.php?curid=76112

狸藻 *Utricularia aurea*

By Michal Rubeš - http://www.darwiniana.cz/vamr/?page=obrazek&id=914, CC BY 3.0 cz, https://commons.wikimedia.org/w/index.php?curid=8797924

二齿猪笼草 *N. bicalcarata*

By Scharmann et al. - Scharmann, M., D.G. Thornham, T.U. Grafe & W. Federle (2013). A novel type of nutritional ant–plant interaction: ant partners of carnivorous pitcher plants prevent nutrient export by dipteran pitcher infauna. PLoS ONE 8(5): e63556. doi:10.1371/journal.pone.0063556, CC BY 2.5, https://commons.wikimedia.org/w/index.php?curid=26694730

斑叶疆南星 *Arum maculatum*

CC BY-SA 3.0, https://commons.wikimedia.org/w/index.php?curid=68710

粘腺菖蒲 *T. glutinosa*
By Mason Brock (Masebrock) - Own work, Public Domain, https://commons.wikimedia.org/w/index.php?curid=55030762

菟丝子 By Khalid Mahmood - Own work, GFDL,
https://commons.wikimedia.org/w/index.php?curid=3380360

离花 *Pilostyles hamiltonii*
By Kevin Thiele from Perth, Australia - KRT3188(1), CC BY 2.0, https://commons.wikimedia.org/w/index.php?curid=41180682

大花草 *Rafflesia arnoldii*
By ma_suska - ma_suska, CC BY 2.0, https://commons.wikimedia.org/w/index.php?curid=1981558

帽蕊草 *Mitrastemon yamamotoi*
Von Baldhead1010 - Eigenes Werk, CC BY-SA 3.0, https://commons.wikimedia.org/w/index.php?curid=17515310

簇花草 *Cytinus ruber*
By Mirko Piras - Mirko Piras, CC BY-SA 3.0, https://commons.wikimedia.org/w/index.php?curid=3949498

美洲菌花 *Prosopanche Americana*
By Lytton John Musselman - http://www.odu.edu/~lmusselm/plant/image.php?type=source&id=7740, CC BY-SA 3.0, https://commons.wikimedia.org/w/index.php?curid=2482141

一品红 *Euphorbia pulcherrima*
http://www.ars.usda.gov/is/graphics/photos/k7244-2.htm, https://commons.wikimedia.org/w/index.php?curid=31788

寄生花 *Sapria himalayana*
By Andreas Fleischmann (Contact: fleischmann@lrz.uni-muenchen.de) - Own work, CC BY-SA 3.0, https://commons.wikimedia.org/w/index.php?curid=2449487

火焰草 *Castilleja miniata*

By Dcrjsr - Own work, CC BY-SA 3.0, https://commons.wikimedia.org/w/index.php?curid=10772485

列当科寄生植物 *Epifagus virginiana*

By Cody Hough - Own work, CC BY-SA 3.0, https://commons.wikimedia.org/w/index.php?curid=5039905

槲寄生 *Viscum album*

By SwordSmurf - Own work, Public Domain, https://commons.wikimedia.org/w/index.php?curid=5524457

火焰草 *Castilleja wightii*

By a13ean - Own work, CC BY-SA 3.0, https://commons.wikimedia.org/w/index.php?curid=27542256

美丽腐草 *Corsia Ornata*

By Thassilo Franke - Thassilo Franke, CC BY-SA 3.0, https://commons.wikimedia.org/w/index.php?curid=2125945

蜘蛛花 *Arachnitis uniflora*

By pabloendemico - Arachnitis uniflora Phil., CC BY 2.0, https://commons.wikimedia.org/w/index.php?curid=4782907

香味水晶兰 *Monotropsis odorata*

By James Henderson, Gulf South Research Corporation, Bugwood.org - http://www.insectimages.org/browse/detail.cfm?imgnum=1241224, CC BY 3.0, https://commons.wikimedia.org/w/index.php?curid=11842158

水玉杯 *Thismia rodwayi*

By Thouny - Own work, CC BY-SA 3.0, https://commons.wikimedia.org/w/index.php?curid=32491149

图书在版编目（CIP）数据

生命之美：奇异植物的生存智慧 / 林十之著 . —
长沙：湖南科学技术出版社，2019.4
ISBN 978-7-5710-0078-3

Ⅰ. ① 生… Ⅱ. ① 林… Ⅲ. ① 植物—普及读物 Ⅳ .
① Q94-49
中国版本图书馆 CIP 数据核字（2019）第 001109 号

© 中南博集天卷文化传媒有限公司。本书版权受法律保护。未经权利人许可，任何人不得以任何方式使用本书包括正文、插图、封面、版式等任何部分内容，违者将受到法律制裁。

上架建议：畅销・科普

SHENGMING ZHI MEI：QIYI ZHIWU DE SHENGCUN ZHIHUI
生命之美：奇异植物的生存智慧

作　　者：林十之
出 版 人：张旭东
责任编辑：林澧波
监　　制：毛闽峰　李　娜
特约策划：沈可可
特约编辑：王　静
营销编辑：吴　思　刘　珣　焦亚楠
封面设计：尚燕平
内文排版：潘雪琴
特邀绘图：小　铖
出版发行：湖南科学技术出版社
（湖南省长沙市湘雅路 276 号　邮编：410008）
网　　址：www.hnstp.com
印　　刷：北京中科印刷有限公司
经　　销：新华书店
开　　本：700mm × 955mm　1/16
字　　数：174 千字
印　　张：15
版　　次：2019 年 4 月第 1 版
印　　次：2019 年 4 月第 1 次印刷
书　　号：ISBN 978-7-5710-0078-3
定　　价：58.00 元

若有质量问题，请致电质量监督电话：010-59096394
团购电话：010-59320018